見て覚える

# ワインの絵事典

コンラッド東京 エグゼクティヴ・ソムリエ
**森 覚**

新星出版社

# Introduction

ワインを飲もうと入った店で、
暗号のようなカタカナが並ぶワインリストを見て
悩むあなたにソムリエは言います。

**「重い赤が好きなら、
ボルドーのカベルネ・ソーヴィニヨンが
おすすめですよ」**

そう言われても、何が何やら。

とりあえず、
**「じゃあ、それでお願いします」**
とうなずいておく……。

そんなことはありませんか？

ワインは好きだし、店でも家でも飲むことは多い。
でもワインについては知らないことだらけで、
赤か白のどちらが好きかはかろうじてわかるけど、
品種や産地を聞かれるとさっぱり。

そんなあなたもこの本を読んでワインの基本を知れば、
悩みは解決するはず。

本書では、

**「高級ワインはおいしいワイン?」**
**「ワインはどこで買う?」**
**「ワインをおいしく飲める温度」**
**「レストランでのワインの頼み方」**
**「料理とワインの合わせ方」**

など、ワインをおいしく飲むための基礎知識から、
ブドウの品種、ワインのテイスティング方法、
生産地などを詳しく解説しています。

イラストを楽しみながらわかりやすく、
ワインの基本を学ぶことができます。
本書を読めば、むずかしく感じていたワインの世界が
ぐっと身近なものになり、
今までより楽しく、
またおいしく飲めるようになるでしょう。

さあ、知れば知るほどおもしろく奥が深い
ワインの世界の扉を開けてみましょう!

# Contents

## ワインをおいしく飲む

part 2 ワインのブドウ

# part 3 ワインの味わい

# ワインの生産地

# ワインのうんちく

Staff

装丁・デザイン　志村麻沙子（sakana studio）

イラスト　北川ともあき
木波本陽子
macco

編集・制作　バブーン株式会社
（矢作美和・茂木理佳・千葉琴莉）

# ワインを おいしく飲む

ワインの種類やその選び方、飲み方や保存方法、マナーなどワインをおいしく飲むための最低限の知識を紹介。ワインはハードルが高いと思いがちだが、これを読めばきっとワインが身近になるはず。

# 高級ワインはおいしいワイン？

店頭で並んでいるワインには
1本1,000円代の低価格のものから
3,000円以上するものまで、価格にばらつきがある。
価格とワインのおいしさは比例するのだろうか？

## 高級ワインは 3,000円以上？

デイリーではなく、特別なときに飲むワインというとやはり3,000円以上のものだろうか。特に赤ワインは3,000円がひとつのボーダーラインと考えてよい。普段用のデイリーワインなら、1,000円代のものでもよいが、贈り物として選ぶ場合などは3,000円以上のものを選べば失敗する確率は低くなる。

### 高級ワインが高い理由

**1 ブランド力**

ブランド力、つまり造り手の知名度が高いかどうか。たとえば、シャンパーニュ地方でのみ造られる「シャンパン」はブランド力が高いため、ほかのスパークリングワインより高値がついている。

**2 希少価格**

労働力がかからず、大量生産しているようなワインは安価だが、手作りで市場への流通が少ないワインには高値がつく。

**3 造り方**

高級なワインは手作業で収穫したり、醸造に温度管理のできるステンレスタンクや新しい樽を使ったりと手間や労力をかけて造られている。

# 高いワインにはヒミツがある

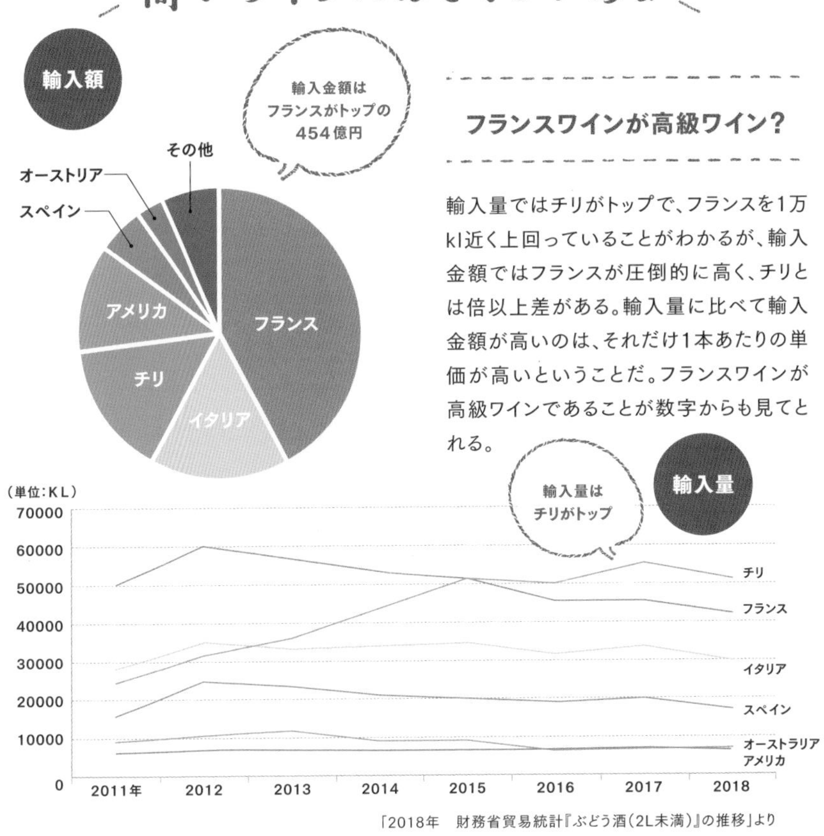


「2018年　財務省貿易統計『ぶどう酒(2L未満)』の推移」より

## フランスワインが高級ワイン?

輸入量ではチリがトップで、フランスを1万kl近く上回っていることがわかるが、輸入金額ではフランスが圧倒的に高く、チリとは倍以上差がある。輸入量に比べて輸入金額が高いのは、それだけ1本あたりの単価が高いということだ。フランスワインが高級ワインであることが数字からも見てとれる。

## お店のワインの価格の仕組み

レストランでワインリストを見ると、小売価格の3倍以上に設定されていることがほとんど。安いレストランなら2,000円台のワインもあるが、やはり3,000円以上するのが一般的だ。しかし、3,000円のワインの原価は大体1,000円程度だが、1万円のワインでは3,000～5,000円を占めている。ワイン自体の価格は7,000円も差があるが、原価率で考えると1万円のワインを頼んでも決して損ではないのではないだろうか。

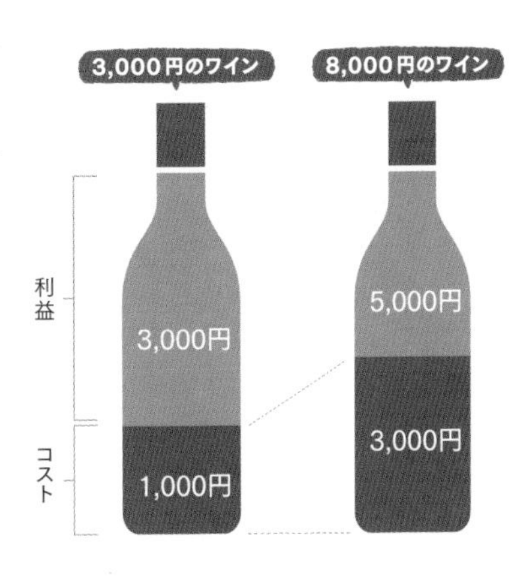

### よいワインには
# 語りたい特徴がある

おいしいものに出会うと、どんな味で、
どんな特徴があるのか、語りたくなるもの。
ワインも同じで、高いワインがよいとは限らないが、
よいワインほど語りたくなる特徴があるものだ。

## 1,000円のワインと10万円のワインの違いは？

**1,000円のワインは…**

### おいしいけれど
### 語るべき特徴は少ない

10万円のワインのようなほかのワインに比べて突出した産地を代表する個性が見られない。「もう一度飲みたい」「～の味だ」と思えないところが低価格の理由だ。

**10万円のワインは…**

### 1杯飲んで
### 「特徴」がいろいろある

ワインの特徴は値段が高くなるほど変化する。特徴とは、その生産地を代表する個性のことであり、ただおいしいだけでなく、その特徴を人に話したいと思わせるのが高いワインだ。

## よいワインは最初と最後に真価を発揮する！

余韻はワインを飲み込んだ後に口の中に残る香りや味わいのこと。よいワインのほうが余韻が長く後をひき、印象深く残る。

口に入れたときのインパクトが格段に違う。よいワインは口に含んだ瞬間から、「フレッシュな」「落ち着いた」などの印象を感じられる。

# ロマネ・コンティは どんな味わい？

ワインについて知識がない人でも、名前くらいは聞いたことのある「ロマネ・コンティ」。
ワイン愛好家にとっても、人生で一度は飲みたい最高級のワインだ。

ヒミツ

## ❶ ロマネ・コンティは ブルゴーニュの畑の名前

世界で最も高値で取引される、言わずとしれた最高級ワイン「ロマネ・コンティ」。この名前は原料であるブドウが造られる畑の名前である。ブルゴーニュのヴォーヌ・ロマネ村にある特級畑（グラン・クリュ）で、広さはわずか1.8ヘクタール。立地や土壌など素晴らしいテロワール（P90参照）を持つ。

ヒミツ

## ❷ ルイ14世は毎日スプーン1杯の ロマネ・コンティを飲んでいた

かの太陽王・ルイ14世は、美酒として評判の高かったロマネ・コンティを持病の治療薬として、毎日スプーンで飲んでいた。だが、そのあまりのおいしさに薬として飲んでいたのにも関わらず、すっかりロマネ・コンティのとりこになったとか。

ヒミツ

## ロマネ＝ローマ？

もともとこの地域はローマ時代からブドウ栽培とワイン造りが行われており、そのためローマ人が「ロマネ」と名付けたという。

ヒミツ

## ❹ 畑は馬で耕作 農薬などは使用せず

ロマネ・コンティはドメーヌ・ド・ラ・ロマネ・コンティ(DRC)という会社が単独で所有している。伝統を守ったワイン造りを一貫して行っており、例えば馬が畑を耕したり、農薬や除草剤を一切使わないビオディナミ農法を行ったりと、多大な労力をかけている。

ヒミツ

## ❺ 年間の生産数はわずか 6000本。1本100万円以上!

畑が1.8ヘクタールととても小さいため、造られる数は限られている。生産本数は毎年6000本前後で、希少価値が大変高い。ワインの価格は需要と供給のバランス、希少性によって決まるため、1本100万円以上の高価格がつくのも仕方のないことなのだ。

ヒミツ

## ❻ ロマネ・コンティの強みは 圧倒的なブランド力

ワインには詳しくなくても、ロマネ・コンティという名前なら知っている人も多いはず。知名度、人気、そして少量生産による希少性の高さなど、ブランド力は世界一。代わりがきかないワイン、それがロマネ・コンティだ。実際、ここ20年でその価値が4倍以上になっているともいわれる。

ヒミツ

## ❼ 畑はDRCが独占所有 だからこそ値くずれしない

ブルゴーニュでは、ひとつのブドウ畑を区画ごとに分けて複数の生産者で所有していることがよくある。しかし、ロマネ・コンティの場合はDRCが独占所有し、DRCのみが生産している。競合相手がいないため、市場で価格競争が起こることもなく、高価格が維持されるのだ。

# 死ぬまでに飲みたい!? 5大シャトー

世界的なワインの銘醸地といえば、
フランス・ボルドー地方。
その中で「第1級」の称号を与えられた
5つのシャトーをご紹介。

## シャトー・ムートン・ロスチャイルド

Chateau Mouton Rothschild

### エチケットには有名画家を起用革新的なシャトー

1855年に制定されて以来、まったく変わらなかった「不変の格付け」を覆して1973年に第2級から第1級に昇格した。5大シャトーの中では、最も明快な味わいだが、優雅さ、力強さも感じられる。ラベルのデザインにも力を入れていて、ピカソなど著名な芸術家が描いたアートラベルが人気。

■価格／10万円～(2015)
■セカンドラベル／ル・プティ・ムートン・ド・ムートン・ロスチャイルド

## シャトー・ラフィット・ロスチャイルド

Chateau Lafite Rothschild

### ヴェルサイユ宮殿でルイ15世が毎晩楽しんだ

1855年の最初の格付けの際、最も取引価格が高く「第1級の中の1級」を獲得。今日まで5大シャトーの筆頭として君臨している。18世紀はじめには王侯貴族の間でも人気を呼び、ルイ15世の寵愛を受けていたポンパドール夫人が晩餐会に常に出していたことで、王室御用達ワインになった。

■価格／13万円～(2016)
■セカンドラベル／カリュアド・ド・ラフィット

ロスチャイルド家とカリフォルニアワイン界の重鎮が共同で造った夢のワイン「オーパスワン」。
伝統的産地とニューワールドワインの革新的なコラボレーションで産み出された。

## シャトー・ラトゥール

Chateau Latour

### 5大シャトーの中で最も安定した優等生

ラトゥール＝塔という名前のとおり塔をシンボルにしたワインで、ラベルの絵柄にもなっている。5大シャトーの中で最も力強く、男性的なワインといわれている。色は濃く、タンニンも豊富。

■価格／9万円～(2007)
■セカンドラベル／レ・フォール・ド・ラトゥール

## シャトー・マルゴー

Chateau Margaux

### 数々の偉人に愛された逸話を持つ名酒

シャトー・ラトゥールとは逆に5大シャトーの中で最も女性的な「ワインの女王」。華やかでなめらかな口当たり、しなやかさをうちに秘めた力強い味わいはまさに女王の風格。思想家エンゲルスは「自分にとっての幸せはシャトー・マルゴー1848」と讃えた。

■価格／11万円～(2002)
■セカンドラベル／パヴィヨン・ルージュ・デュ・シャトー・マルゴー

## シャトー・オー・ブリオン

Chateau Haut Brion

### 「会議は踊る」のあの会議で供された銘柄がこれ！

1855年の格付け当初から著名で、唯一グラーヴ地方から選ばれた。5大シャトーの中で最も香り高く、エレガントな風味が特徴。若くても飲みやすいが、熟成させると滑らかな口当たりになり、20年の熟成にも耐えられる。1814年のウィーン会議で連日振る舞われたワインとしても有名。オー・ブリオンのおかげで各国代表の態度がやわらぎ、フランスは敗戦国ながら領土をほとんど失わずに済んだという逸話がある。

■価格／7万7千円～(2011)
■セカンドラベル／ル・クラレンス・ド・オー・ブリオン

# ワイン選びの分かれ道

さあ、今日飲むワインを選ぼう！
…と思っても何を基準にするかで、
選ぶワインは変わる。
あなたに本当に合うワインを選ぼう。

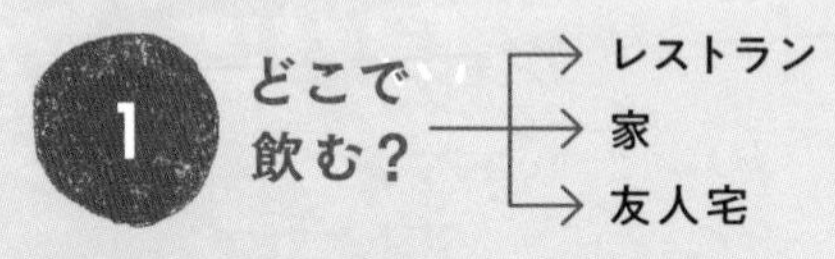


レストランと家では環境が違うのと同じように
それぞれに合うワインも異なる。家ではカジュ
アルなワインを、レストランでは少し特別なワ
インを、と雰囲気に合わせて選びたい。

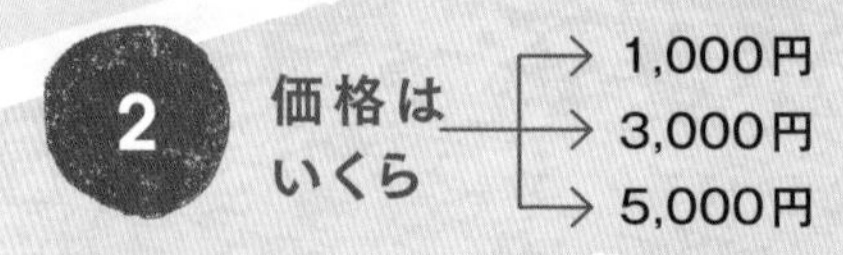


価格には大きく差がある。高価になるほどお
いしいとは言えないが、ハズレが減るのは確
か。シチュエーションに合う価格帯を選ぼう。

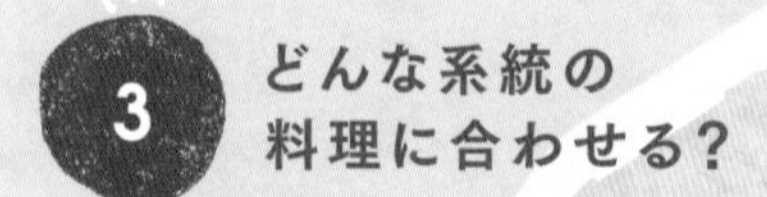


そのときに食べる料理の系統は、和
食？フレンチ？それとも中華？系統に
よって料理の味もまるで異なるので、ワ
インもそれに合わせて選びたいもの。

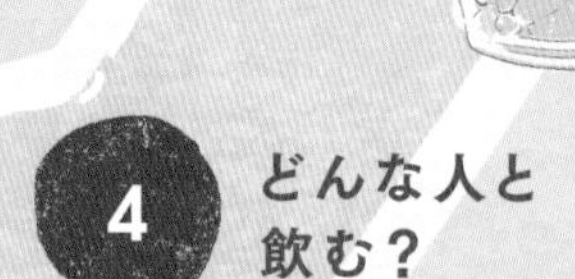


飲む相手に合わせたワインを選ぶこ
とは大切だ。恋人と飲むなら濃厚でエ
レガントな赤ワインがよい、というよう
に飲む人を思い浮かべてワインを選
ぼう。

## 5 ラベル買いもあり！

ボトルに貼られたラベルを見ると、デザ
インはさまざま。"ジャケ買い"するように
自分の好きなデザインで選ぶのも◎。

## 6 ブドウの種類を選ぶ

カベルネ・ソーヴィニヨンは濃厚、ピノ・ノワールは繊細、などブドウの種類である程度ワインの味は想像できる。代表的な品種の風味や特徴は覚えておいて損はない。

**覚えたいのは**

カベルネ・ソーヴィニヨン（Cabernet Sauvignon）
メルロー（Merlot）、ピノ・ノワール（Pinot Noir）
シャルドネ（Chardonnay）
ソーヴィニヨン・ブラン（Sauvignon Blanc）

## 7 ボトルの形で選ぶ

ワインボトルは全部同じ形だと思いがちだが、実はボルドーはいかり肩タイプで、ブルゴーニュはなで肩タイプ。見た目でどの産地のワインか判断できる。

## 8 料理と合わせる

**色で合わせる**

肉料理には赤ワイン、白身魚などの魚介料理には白ワインなどと色で決める。

**こってりorさっぱり**

こってりした料理には同じくコクのある濃厚な赤ワインを、と味で決める。

**ハーブにはフレッシュ感**

ミントやバジルなどを合わせると白ワインのフレッシュ感が際立つ。

## 9 生産国で決める

例えばフランスはコクがあり、どっしりした味わいのワインが多いが、イタリアやチリは飲みやすいフルーティーなものが多い。生産国でまるで特徴は異なる。

## 10 困ったらスパークリング

同じ赤ワインでも味の好みは人それぞれ。好みを完全に把握するのはむずかしいので、困ったときは万能選手のスパークリングワインに頼ろう。意外とどんな料理にも合う。

店頭価格

レストラン価格は
約2,500～4,000円

# 1,000円台のワインの選び方

デイリーなら
1,000円で
楽しめる

### 新世界 or 旧世界

**チリやオーストラリアがおすすめ**

人件費や関税などの輸入コスト、土地代などが旧世界よりも安い。栽培環境にも恵まれており、1,000円でも質のよいワインがある。

### カベルネ・ソーヴィニヨン or ピノ・ノワール

**安旨ワインにはピノ・ノワールは少ない**

ピノ・ノワールは栽培がむずかしく、おいしく飲める最低ラインは5,000円程。チリワインにも多いカベルネ・ソーヴィニヨンが◎。

### 赤ワイン or 白ワイン

**軽くて爽やかな白ワインは当たりあり**

早飲みタイプの多い軽い白ワインは、熟成が必要な赤ワインに比べてコストパフォーマンスがよくおいしいワインが多い。

### フルボディ or ミディアムボディ

**ミディアムボディにおいしいものあり**

基本的にボディ感の強いワインは価格も高い。安価でおいしいワインならボディ感の軽いミディアムボディがお手頃。

### ボルドータイプ or その他のタイプ

**迷ったらボルドータイプが無難な味わい**

同じ1,000円台で選ぶなら、ブランド力があって品質のよいボルドーワインが安定した味わいを楽しむことができる。

店頭価格

レストラン価格は
約10,000円

# 3,000円台のワインの選び方

## 新世界 or 旧世界

**新世界の少量生産＆
セカンドラベルや
サードラベルを**

ニューワールドは濃縮された高級感のある味わいを楽しめる。セカンドラベルなどはブランドの基準に届かなかったため安いが、高品質のワインを楽しめる。

店頭価格

レストラン価格は
約20,000～30,000円

# 10,000円台のワインの選び方

特別な日や
ここぞという
ときに

## ライトボディ or フルボディ

**自分好みに
合ったワインを**

10,000円台になるとライトボディでもフルボディでも選べるワインの幅が広がる。また高いワインにはそれぞれの個性が強く出るので、自分の好みに合わせてワインを選ぼう。

### 1万円のプレゼントなら 3,000円×3本のほうがよい？

相手の好みに合わせたワインを贈ることが大切だが、個性が強い1本1万円のワインだと好みに合わないことも。1本3,000円のワインを組み合わせて贈る方が相手の好みに対応できる。

# ワインはどこで買う？

今はスーパーはもちろん、
コンビニでも気軽に手に入る時代。
どこでも手に入るからこそ、
どんなワインを買うかによって
購入に適した場所は異なる。

TPOによって
買う場所は
変わるよ

## ワインを買うときのTPO

**買いたいワインの価格は？**

**1,000円以上**

**ワインに詳しい or あまり詳しくない**

**1,000円以下**

**一人飲み or 大勢で宅飲み**

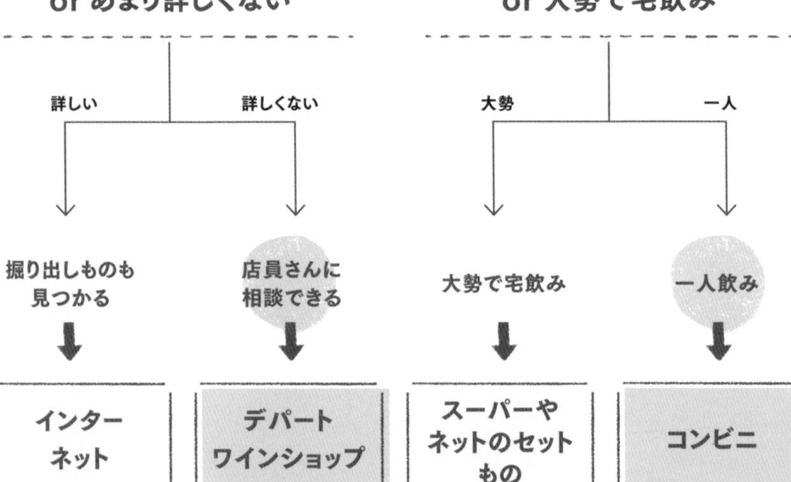


高級ワインはネットも◎

3,000円前後のワインを買うなら

1,000～1,500円が揃う

1,000円以下も揃い、コスパ抜群

## コンビニ

### 500円のワインとハーフボトルならコンビニ！

深夜まで営業しており、思い立ったらすぐに買いに行けるコンビニ。もちろん酒屋やスーパーと比べると品揃えは劣るが、最近は各社のPBワインも増えている。500円〜1,000円台前半と圧倒的に安いのに、味は一定レベルを保つ。300mlやハーフボトルなど、小容量のサイズが置いてあるのもうれしいポイント。一人で少し飲みたい気分のときにもおすすめ。

いつでも買いに行けるところが魅力

**ここに注意！** 安いのに味もそこそこのワインが買えるのが魅力なので、3,000円以上するような高いワインはわざわざコンビニで買わなくてもよい（あまり売ってもいないが）。

## スーパー

### 1,000円前後のワインにはお得なものあり！

食料品などを買うついでに買えるスーパー。最近はスーパーの品揃えも充実しており、PBワインを出したり有名なブランドのワインを置いたりしているところも多い。高級スーパーでない限り、1,000円台のワインのラインナップが多く、コスパは抜群。友人と気軽に家で飲んだり、一人で飲んだりするときにぴったりだ。ワインを選んだら合うつまみの材料も一緒に買おう。

デイリーワインならスーパーがぴったり

**ここに注意！** 500円台など、安すぎるワインははずれのことも。ただし、スーパーのPBワインには掘り出しものも。

## ワインショップ

**少量生産の掘り出しものあり**
**店員を有効活用すべし**

なんといっても専門店なので、品揃えが豊富。スーパーでは扱っていないような銘柄が置いてあるので、探しているワインがあるときにおすすめ。ソムリエナイフなどのグッズも売っているところが多い。そしてスタッフもワインに詳しいため、悩んだら相談できるので心強い。売っている環境もよいので、保存状態も安心できる。

専門店ならではのラインナップ

**ここに注意！** 値段設定が少し高めなところもある。また、店舗数が限られているので、住んでいる場所によっては家の近くに店がないことがある。

## デパート

**贈りものに最適**
**試飲できることも多い**

品揃えが豊富で、特に有名な銘柄が充実している。買いたい銘柄が決まっているとき、急な入り用があったときなどにおすすめ。ワインコーナーには専任のスタッフがいるため、ワインショップと同様に悩んだときに相談できる。購入したワインに合わせてデパ地下で少しいいつまみを買うのもまた楽しい。また、箱付きのワインも多く揃っているので贈答用にもおすすめ。

**ここに注意！** 基本的に値段設定が高い。リーズナブルなワインは置いていないこともある。

## インターネットショップ

家にいながら買うことができて便利

### セットものの中に意外な良品が隠れている

買いに行く手間が省けて、クリックひとつで購入できるので便利。待っていれば家に届くので重いボトルを苦労して持って帰る必要もない。また、店舗では見つからないような珍しい銘柄を取り扱っているショップもあるので探す楽しみがある。実際に商品を見ることができない分、梱包方法や配達方法をしっかり確認しよう。特に夏場は冷蔵便の利用がおすすめ。

**!** ここに注意！　商品説明が詳しく書いていないものは失敗する可能性大。

## インターネットオークション

### 偽物をつかまされない豊富な知識が必須

ネットショップでは探せないような珍しい銘柄やヴィンテージものは、ネットオークションで探してみるのもひとつの方法。一般人だけでなく業者も利用していることも多く、宝の山なのだ。欲しかったレアな銘柄が安い値段で買えることもあるので、チェックしよう。ただし、顔が見えない世界なので偽物をつかまされるなどのトラブルや、管理が行き届いていないこともあるので注意が必要。

**!** ここに注意！　ネットショップと違って個人とのやりとりが多いので、正規のものか見極める必要がある。

# ラベルは ワインの名刺

**ワインボトルに必ずあるラベル。
ただの飾りではなく、実はワインの情報が
すべて入っている名刺の
ようなものなのだ。**

ワインのラベルには名前や生産地、品種など様々な情報が書かれている。書かれている意味を知れば、自分に合うワインを探す際の大きな手助けにもなる。

### 1 ブドウの品種

ブドウによって味に個性が出るため、品種を知っていればラベルを見ただけで味わいを想像することができる。

### 2 生産地

そのワインが作られた国や地方、村、畑の名前が表記されている。

### 3 ヴィンテージ

原料であるブドウの収穫年。ブドウは収穫年によって「できがよい・悪い」がある。ヴィンテージはワインを選ぶよい判断材料になる。

## フランス・ボルドー

ボルドーではシャトー名を大きく表記することが多い。村名や地区名、またその格付けを記すことも。ネゴシアンが買いつけた場合、シャトー名は記さない。

シャトー・ラグランジュは醸造元である生産者。アペラシオンから始まる格付けの表示にも記載されているサン=ジュリアンは村名であり、A.O.P.(P128参照)でもある。グラン・クリュ・クラッセとはシャトーが格付け第3級に認定されていることを示す。ミ・ザン・ブティーユ・オー・シャトーはこのシャトーで瓶詰めが行われたことを表す。

## フランス・ブルゴーニュ

大半が単一品種から造られるが畑ごとに細かく階級分けされるため、ラベルには村の名前が大きく示されることが多い。

中央に示されるジュヴレ・シャンベルタンは村の名前でありA.O.P.(A.O.C.)。プルミエ・クリュはフランス語で1級のことで、このワインが1級畑で造られていることを示す。ドメーヌ・デニ・モルテは生産者の名前で、下に続く2行もその補足になる。ミ・ザン・ブティーユ・パーのあとにドメーヌが記されているのでドメーヌ元詰めであることがわかる。

## イタリア・トスカーナ

表示が義務付けられた項目と表示自由な項目があり、フランスワインのように厳格ではない。ラベルに製造会社などの会社名が記載されることもある。

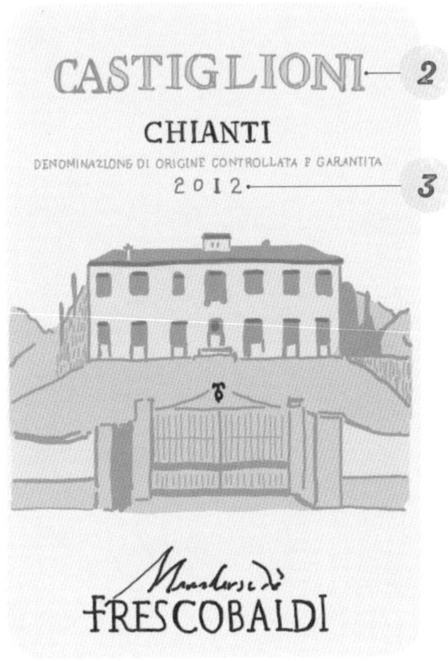


カスティリオーニは畑の名前。デノミナツィオーネ・ディ・オリジネ・コントロッラータ・ガランティータ(D.O.C.G)はイタリアワインの中で最も厳格な格付けで、トスカーナ州のキャンティ地域に指定された土地で生産されたことを保証している。ラベル下部分には、生産者であるフレスコバルディの名前とロゴが記載されている。

## ドイツ

ドイツワイン法により、生産地域や品質等級などの記載が義務付けられている。ブドウの品種名を記載する場合85％以上使用することが決められている。

ヨハン・ヨゼフ・プリュムは生産者名。ヴェーレナー・ゾンネンウーアは畑の名前であり、モーゼル地域ヴェーレン村の第1級畑の名前。カビネットは成熟度が高いブドウから造られる高品質なワインの格付け（Q.M.P.）のうちのひとつ。収穫時のブドウの糖度によってランクづけがされるが、カビネットはQ.M.P.の中で最も糖度が低いランクを示す。

## スペイン

生産地や格付けのほか、熟成度が記載される。熟成度合によってGrand Reserva（グラン・レセルバ）、Reserva（レセルバ）、Crianza（クリアンサ）の3つに分類して表示される。

トーレス社のアルトス・イベリコス。クリアンサは2年以上熟成し、うち6ヵ月以上樽熟成（リオハは1年以上樽熟成）させたことを示す。リオハは生産地でありD.O.C.。スペインの最高クラスのワインであり、D.O.C.認定を受けているのはリオハとプリオラート2つのみ。ラベル下部分には生産者の名前とロゴが記載されている。

## アメリカ

基本的にワインの名前、生産者、品種などが記載される。カリフォルニアをはじめとした新世界のワインにはブドウの品種名が前面に出たエチケット（ラベルのこと）が多い。

ロバート・モンダヴィ（生産者）のウッド・ブリッジというシリーズ。アメリカ独自のブドウ品種であるジンファンデルを使用していることがわかる。アメリカのワイン法では、産地を表記する場合その地域のブドウを75％以上使用する規則があるが、このワインの産地であるカリフォルニアはさらに厳しく、100％使用が義務付けられている。

## チリ

ほかの新世界のラベル同様、生産者、品種、ヴィンテージなどが記載されるシンプルなラベル。75％以上同じブドウを使えばラベルに品種名を記載できる。

生産者はコノスル。その下に記載されているレゼルバ・エスペシャルは、このワイナリーの中でランクが上のワインという意味になる。法律的な規則はない。品種はピノ・ノワールを使用している。生産地はサン・アントニオ・ヴァレーで、チリの中でも新しくできたアペラシオンの一つ。ヴィンテージは2015年。

# ワインが日本に届くまで

生産者から日本の消費者に届くまで
ワインはいろいろな環境を通って運ばれるが、
意外とその道のりは知られていない。
ワインの旅路を知ればよりおいしく飲めるはず。

生産者 → 海外倉庫 → 海外港

### 直射日光の当たらない場所で横に寝かす

直射日光はもちろん、実は振動も注意が必要。振動が伝わると味の劣化につながってしまうので、冷暗所でコルクが乾かないように寝かして保管する。

### 生産者から運ばれるトラックもリーファーを

コンテナだけをリーファーにしてもトラックでの移動中に温度が上がり品質が劣化する。コストは高くなるが、温度調節可能なトラックで運ばれることも。

### 船に積まれるまで14℃前後に

室内での保存と同様14℃が理想。移動中の温度の変化で果実味が抜けてしまったり、高すぎて酸化してしまったりといった劣化につながる。

### リーファーコンテナとドライコンテナ

ドライコンテナは常温で、リーファーコンテナは壁面に断熱材を使い、冷却装置も備えた温度管理が可能なコンテナだ。気温の上下に弱いワインの移動はリーファーコンテナが好ましい。

### クール便 or 通常便

夏場はクール便で送ることがおすすめだが、気温の下がる冬場に使うと温度が下がりすぎて逆に劣化することも。季節に合わせた配送方法を選びたい。

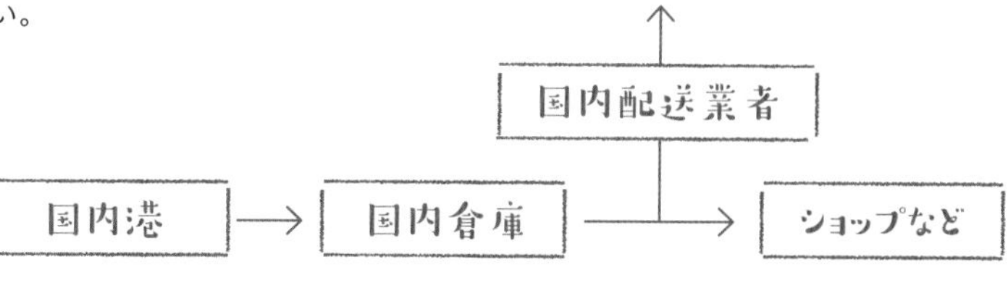


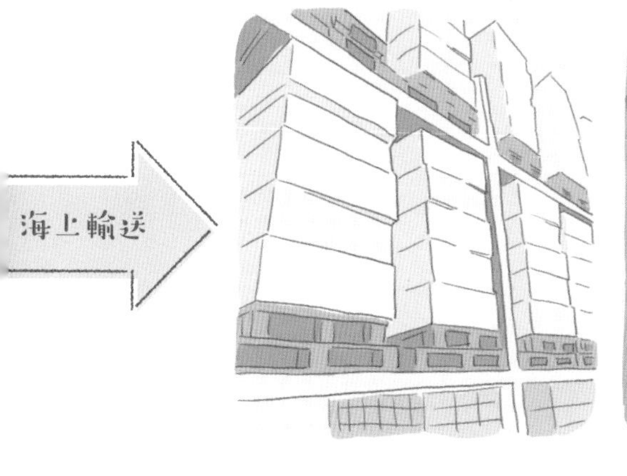

### 赤道を通るのは何回?

船旅の場合、スエズ運河を渡って運ばれるなど経路により赤道を1〜2回通ることも。赤道直下だとデッキ上のドライコンテナが60℃まで上昇することもあるので注意。

### 船からおろされた後の温度が重要

積みおろし中やそれを待つ際に冷却装置の電源が入っておらずコンテナ内の温度が上がることも。きちんとした温度管理の徹底が品質を保つ鍵になる。

### 輸送はもちろんショップでの温度も大事

ショップによってはワインを室温で保管している店もある。20℃以上での保管と直射日光は品質の劣化につながるので、ワインセラーで保管しているショップを選ぶ。

# ワインの賞味期限

ワインに腐るという概念はないが、
飲み頃はそれぞれ違う。
おいしい時期を見逃さないために、
ワインの賞味期限について勉強しよう。

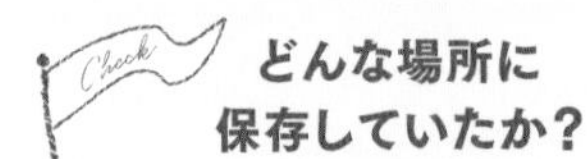


### どんな場所に保存していたか？

ワインを保存する場合、紫外線や光が当たらず、また温度変化がほとんどない静かな環境での保管がよいとされる。

### 年数はどれぐらい？

ワインの飲み頃はブドウの品種や製造スタイルなどで決まる。飲み頃を過ぎることで飲めなくなることはないが、本来のおいしさを味わうことはできない。

### 液もれや異臭はしない？

熟成中にワインの温度が上がると、熱膨張によってコルクが押し出され、液もれしてしまう可能性がある。またにおいの強いものの近くで保管した場合、ワインににおいが移って悪臭がすることもある。

未開封でも
保存の仕方に
気をつけよう

## ワインに賞味期限はありません！

ワインには賞味期限という概念がない。飲み頃とされる期間も長いものでは10年以上あるなど幅が広いため、そもそも賞味期限の記載はない。

## 長期保存に向かないワインもあるので注意！

スパークリングワインは長期保存を目的としていないため、時間を置くとガスが抜けたりコルク部分が腐ってしまう可能性がある。味が劣化する恐れがあるので、長期保存には向いていない。

未開封のワインでも
実は品質が劣化するかも…

## よい酸化と悪い酸化

ワイン（主に赤ワイン）の渋味は、ポリフェノールに含まれるタンニンが原因。これが酸素と結合することで、ワインの味をまろやかにすることができる。これはよい酸化だが、反面、大量の酸素に触れることで味を劣化させたり香りを悪くする恐れもある。

### 放っておいて よいカビもある!?

長期間保存することで、コルクにカビが発生することがある。真っ黒のカビの場合は密閉されている証拠であり、保存状態がよいと言えるが、青カビの場合は注意が必要。ワインにカビ臭さが移っている恐れがあるので、異臭を感じたら飲まないようにすること。

### ブショネとは？

汚染されたコルクによってワインの品質が劣化する現象のこと。欠陥ワインであり、ダンボールが湿ったような不快な香りがする。高級なワインであってもデイリーワインであっても同じようにブショネは発生し、欠陥ワインとして処分される。発生する確率は5％ほどといわれている。

# ワインの飲み頃と保存

たとえよいワインを買ったとしても、
保存方法を間違えたら
せっかくの味が台なしになってしまう。
正しい保存方法を知ろう。

## 飲み頃の目安は価格で決まる！

### 2,000円以下

➡ 買ったときが飲み頃！

### 2,000～5,000円

➡ 5～10年は楽しめることも
何十年の保存は
むずかしい場合も

### 5,000～10,000円

➡ 10年以上の熟成に
耐えるものも

### 高級ワイン、極甘口ワイン

➡ 長期熟成で
おいしくなることも

渋味や酸味の多いワインはゆっくり熟成が進むため飲み頃になるまで10年から30年以上かかることも。糖分が多い極甘口は50年以上長もちすることもある。

**基本は3年以内に飲む！**

## ワインが好む環境はこんな場所

### 暗い場所

日光はもちろん、蛍光灯や電灯などの光でも劣化する。必ず暗所での保管を徹底しよう。

### 温度が変化しない場所

温度が変化しない12～15℃の場所を好む。寒すぎる場所や20℃以上の室温は避けよう。

### 湿度の高い場所

コルクが乾くと中に空気が入ってしまうので、ほどよい湿気がある場所を選ぼう。

### 振動のない場所

振動は熟成を妨げたり、アロマを不安定にしたりするので、ドアのそばや人通りの多いところは避けよう。

### においが移らない場所

食品や洗剤などのにおいはコルクを通してワインに移ることがあるので注意。

### 横に寝かせられる場所

ボトルを横に寝かせることで、ワインが常にコルクに触れて、乾燥による収縮を防いでくれる。

### 冷蔵庫で保管してよいの？

**■開封前は冷蔵庫より冷暗所がおすすめ**
**■開封後　夏→冷蔵庫の野菜室**
**冬→冷蔵庫ではなく冷暗所**

基本的にワインの保管は冷暗所がおすすめ。ただし、夏は開栓後は冷蔵庫に入れて保管するとよい。白ワインなら2～3日、赤ワインなら4～5日もつ。

# ワインをおいしく飲める温度

それぞれのワインに合う温度で飲もう

おいしさを引き出す温度は
個々のワインによって違いがある。
香りだけでなく味わいの印象も
変わってくるので、ワインを飲むうえで
温度はとても重要な要素のひとつ。

## 温度で味の感じ方は変わってくる

低めの温度は渋味と酸味、高めの温度は甘味とアルコールが感じやすい。個々のワインにより個性があるので適温でサーブすることが大事。

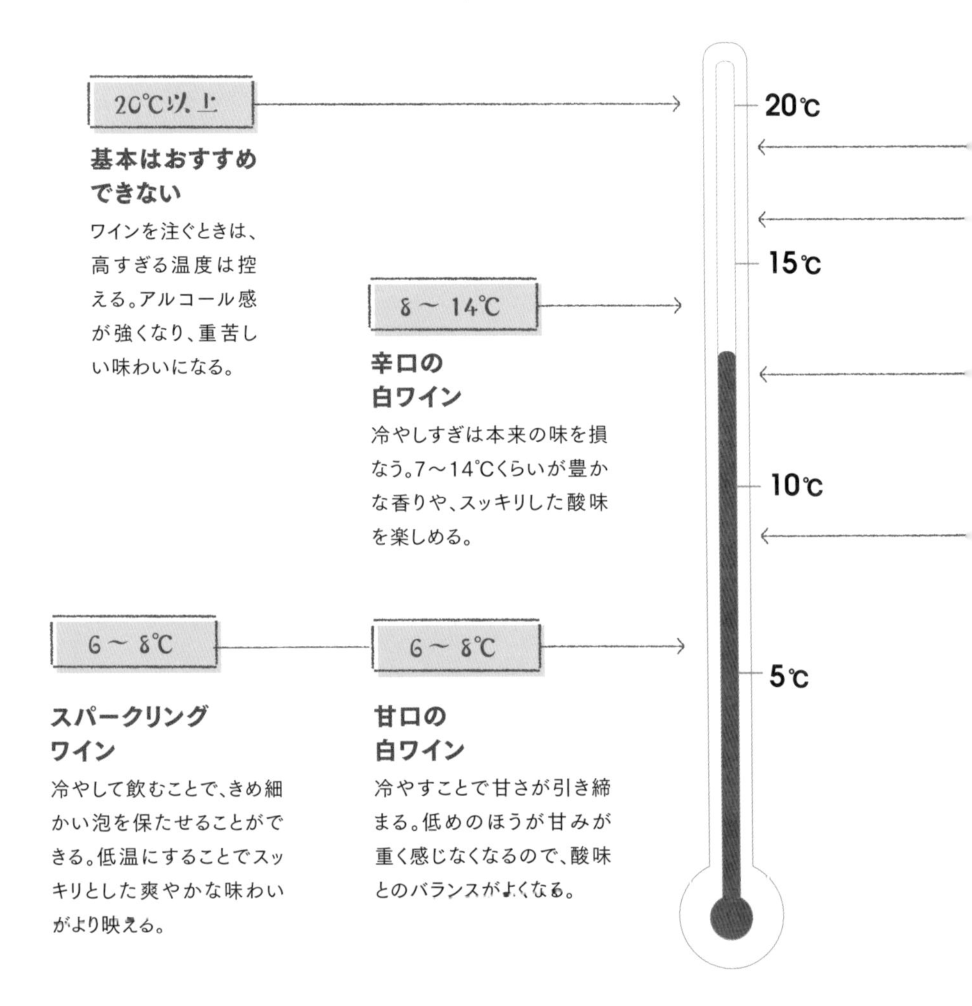


20℃以上

### 基本はおすすめできない

ワインを注ぐときは、高すぎる温度は控える。アルコール感が強くなり、重苦しい味わいになる。

8～14℃

### 辛口の白ワイン

冷やしすぎは本来の味を損なう。7～14℃くらいが豊かな香りや、スッキリした酸味を楽しめる。

6～8℃

### スパークリングワイン

冷やして飲むことで、きめ細かい泡を保たせることができる。低温にすることでスッキリとした爽やかな味わいがより映える。

6～8℃

### 甘口の白ワイン

冷やすことで甘さが引き締まる。低めのほうが甘みが重く感じなくなるので、酸味とのバランスがよくなる。

## 16～18℃

### フルボディの赤ワイン

低温で飲むと特徴である渋味が際立ちすぎるので、高めの温度でまったりとしたコクを楽しむことがポイント。

## 14～16℃

### ミディアムボディの赤ワイン

渋味の元であるタンニンが少なめなので、渋味の少ないまろやかな果実味を味わうことができる。

## 12～14℃

### ライトボディの赤ワイン

渋味があまりなく、軽い口当たりなのでやや低めの温度にすることで味にメリハリをつけることができる。

## 8～12℃

### ロゼワイン

高めの温度だと味わいがくずれてしまうので、辛口でも甘口でも冷やして飲むことがおすすめ。

## どのぐらい冷やせば その温度になるの?

ワインクーラーに入れるか氷水に浸す二通りの冷やし方がある。急いで適温にするときは氷水が効率的。温度計でしっかり温度を管理しよう。

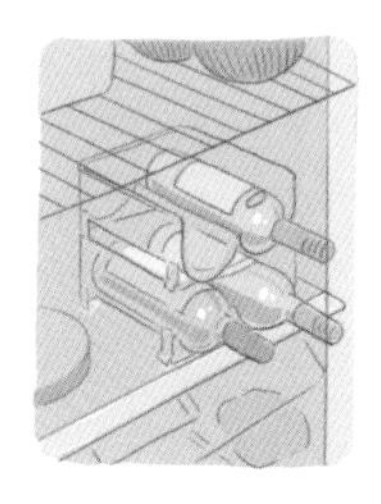

### 冷蔵庫で冷やす

| 赤ワイン | 30分～ |
|---|---|
| 白ワイン | 3～4時間 |
| スパークリング | 4～5時間 |
| ロゼ | 3～4時間 |

### 氷水で冷やす

| 赤ワイン | 5～10分 |
|---|---|
| 白ワイン | 20～30分 |
| スパークリング | 30～40分 |
| ロゼ | 20～30分 |

### リーズナブルなワインこそ温度管理が重要

リーズナブルなワインは価格が高いワインと比べて、どうしてもコクがなかったり余韻が少なかったりする。そんなワインこそ温度管理を徹底してみよう。適温にして本来のよさを引き出すことで飲みづらさがなくなり、リーズナブルなワインもよりおいしく楽しむことができる。

# ワインの開け方

## ワインオープナーの選び方

ワインに必要不可欠なのが、
ワインオープナー。
ここでは数あるオープナーを
難易度別にご紹介。

### 初心者

### スクリュープル

電動式もある！

力がいらず、安定して栓を抜ける。

瓶にセットしてハンドルをくるくる回すだけで完了する、初心者にやさしいオープナー。

### 中級者

### ウイング

スクリューをコルクにねじ込み、持ち上がった柄を押し下げることでコルクを抜く。テコの原理で力もいらず、日常使いにぴったり。

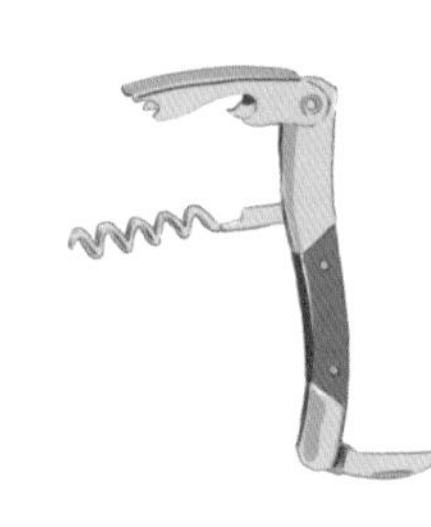

### 上級者

### ソムリエナイフ

ソムリエがワインを開けるときに使う。はじめは使いづらいが、ポイントを押さえればスマートに栓抜きできる。

こんなオープナーもあるよ

### ハサミ型

2枚の薄い板を瓶とコルクの隙間に差し込み、コルクを挟んで引き上げる。古酒を開けるときなどに便利。

### スクリュー式（T字型）

オープナーの中で最もシンプルで、生産者も使う。コルクを抜くのに力がいるため、使う人を選ぶ。

# ソムリエナイフの使い方

1 ナイフ部分でキャップシールを切り取り、コルクやボトルが汚れている場合はきれいに拭き取る。

2 スクリューを寝かせ、先端をコルクの中心に突き刺す。しっかり刺さったらスクリューを起こし、垂直にする。

3 スクリューを回しながら、まっすぐ垂直に差し込む（慣れないうちは上や横から確認しながら進める）。

4 フックを瓶の口に引っ掛け、片方の手でボトルを押さえ、その手の人差し指でフック部分を軽く押さえる。

5 ソムリエナイフの柄を引き上げる。このとき、コルクはまっすぐ、垂直に抜く。

6 コルクが上がってきたらフックをゆっくりと起こし、スクリューの部分はひたすら垂直に引き上げる。

7 コルクをやさしく手で引き抜く。ポン！　と音を鳴らしたい方は、勢いよく引き抜くとよい。

# スパークリングワインの開け方

**1** ボトルの入った袋を振り回すなど衝撃を加えてしまった場合は、冷蔵庫で1時間半以上、落ち着かせる。

**2** コルクを押さえている針金を外し、素早く親指でコルクを押さえる。ボトルから目を離さないこと。

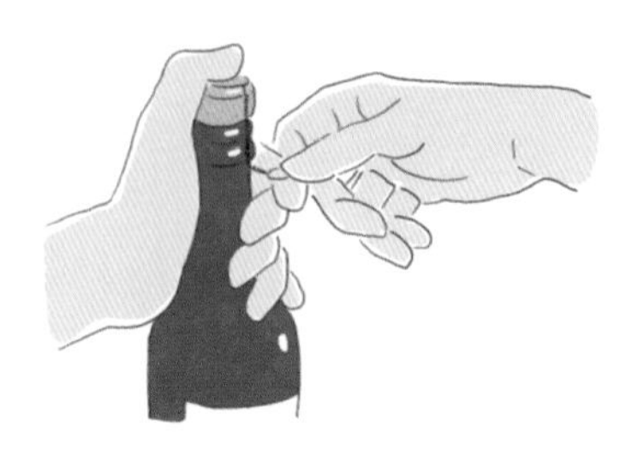

**3** コルクを手でしっかり押さえ、瓶をゆっくりと回す。

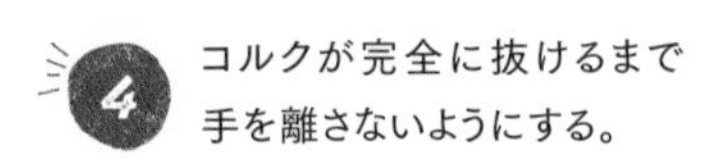

**4** コルクが完全に抜けるまで手を離さないようにする。

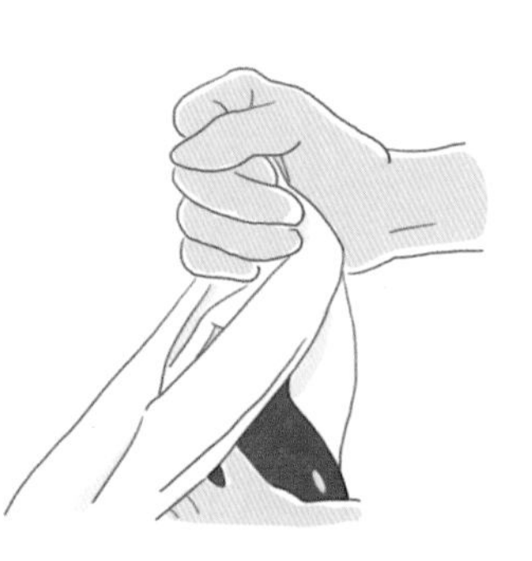

**5** 瓶が開いたら、泡がこぼれないように素早くグラスに注ぐ。

# ワインのコルク

**ワインのキャップと言えばコルク栓だが、いろいろなタイプがあり
ワインによって使い分けられる。**

## 天然コルク

コルク樫の樹皮を円筒形にくり抜いて作る。空気を通し熟成に適しているが質のよいコルク栓の調達が難しい。高級ワインに多い。

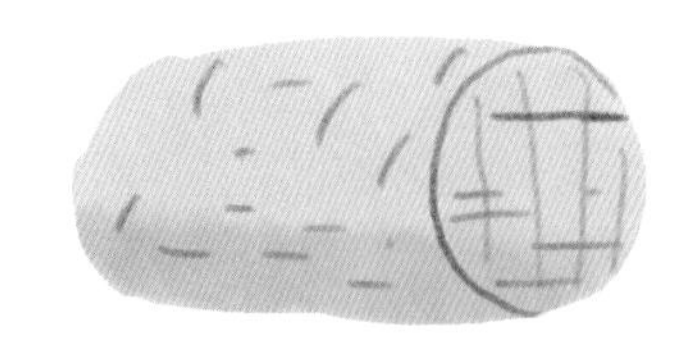

## 圧縮コルク

コルク樫を粒状に細かく砕いて成形する。品質を安定させることができ価格が安い。長期熟成ワインには使われない。

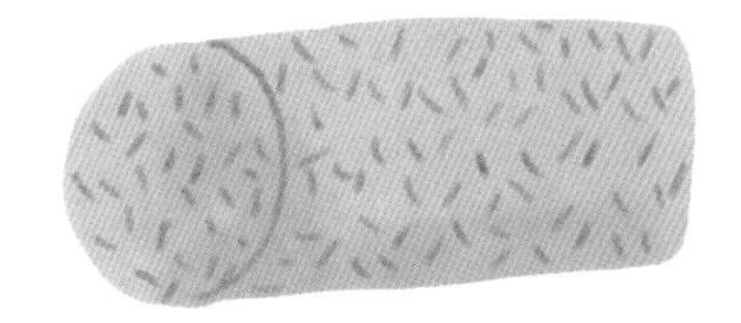

## 一部圧縮コルク

圧縮コルクの両端に天然コルクを貼ったコルク。安定した品質と耐久性で、天然コルクのような高級感のある見た目。

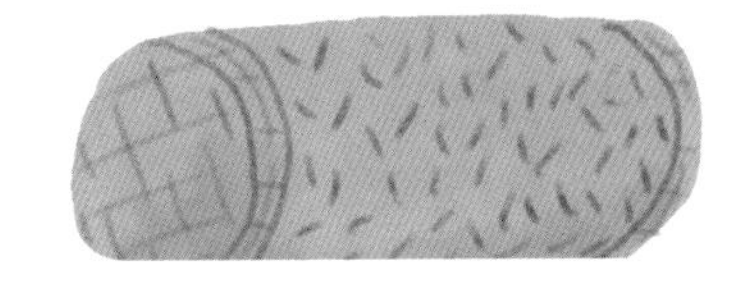

## プラスチックコルク

樹脂を原料にして作られ、密閉性が高くコルク臭もしない。抜栓が少しむずかしい。カジュアルなワインに使われる。

## スパークリング用コルク

ガスを閉じ込めるために密度が高くずっしりとしている。もともとは円筒形だがボトルに打ち込む際にきのこ型にくびれる。

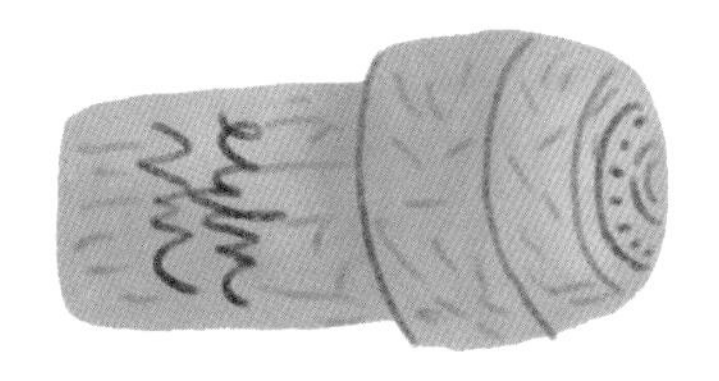

# ワインが ひきたつグラス

**ワイングラスには様々な種類があり、
それぞれワインの特徴を
引き立てるように設計されている。
グラスを選ぶところから、
ワインの楽しみは始まっているのだ。**

## ワイングラスの形で味は変わる

ワインとグラスの関係で最も重要なのは、風味を引き出すこと。グラス選びでワインが口に入る量とスピード、香りをキャッチする量、舌にあたる時間の長さなどをコントロールすることができる。

### ワイングラスの形状

多くのワイングラスは脚付きのデザインをとっており、これにはワインの温度を保つためや、香りを開かせるためなどの意味がある。

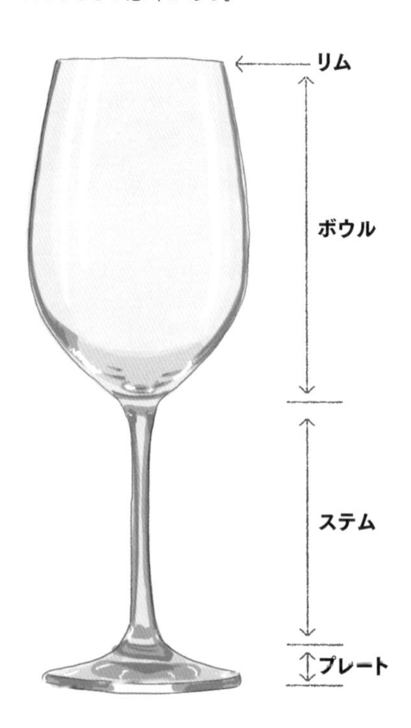


### 飲み口が狭い

中央部が丸く、飲み口の狭いグラスは、香りをしっかりと堪能することができる。INAO（国立原産地名称研究所）規格のテイスティンググラスなどにもこの形を用いる。

### 飲み口が広がっている

飲み口が広がっているグラスはワインの香りが外へ逃げてしまうため、せっかくのワインを味わうのには不向き。

## 覚えておきたい  つの基本の形

### ボルドー型

チューリップ型で背が高い。グラス中央部に対して縁の部分が若干狭まっており、ワインが舌全体に行き渡る飲み口。

**【こんなワインにおすすめ】**

デリケートな白ワインを除く、ほとんどすべてのワインに使える。

### ブルゴーニュ型

中央部が大きく膨らみ、口の部分が狭まった形のグラス。ワインの豊かな香りが凝縮され、鼻いっぱいに広がる。

**【こんなワインにおすすめ】**

名前の通りブルゴーニュワインに加え、白ワインや若い赤ワインにも合う。

### 万能型

ボルドーグラスと同じ形で、サイズが少し小さめのグラス。これといった特徴はないが、オールマイティで便利。

**【こんなワインにおすすめ】**

赤・白ワインともに使用できるほか、シャンパーニュにも合わせることができる。

### モンラッシェ型

ボウルが大きく、丸みの強い形。バルーン型と呼ばれることもある。香りを引き出しやすい形状。

**【こんなワインにおすすめ】**

白ワインに最適。繊細な果実味とやわらかな酸味を引き立てる。

### フルート型

幅が細く、高さのあるグラス。シャンパーニュグラスとも呼ばれ、繊細な泡立ちを長く楽しむことができる。

**【こんなワインにおすすめ】**

シャンパンのほか、酸味の強い白ワインや食前酒などにも向いている。

# ワイングラスはいろいろ好みで選んで！

**九谷焼きのワインカップ 美しい和柄で 日本のワインを飲んでみては？**

和柄が珍しいグラス。九谷焼は石川県の伝統的な磁器で、鮮やかな色合が人気。

**こんなユニークな グラスを使ったら 場も盛り上がること間違いなし！**

ひげと蝶ネクタイのモチーフがかわいらしい、ユニークなグラス。

**台座のない珍しいワイングラス グラスを倒して 斜めの状態で使う**

形状はブルゴーニュグラスといっしょだが、台座のない斬新なデザインのグラス。

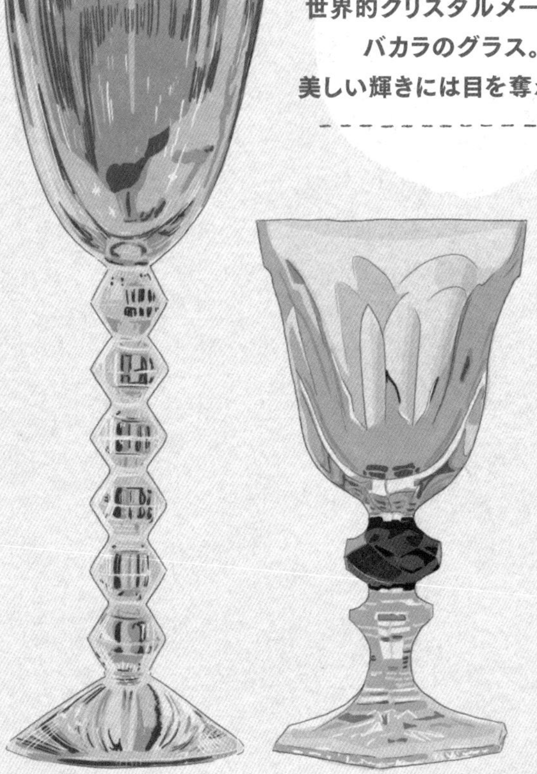

**世界的クリスタルメーカー、**
**バカラのグラス。**
**美しい輝きには目を奪われる**

バカラが作ったグラスというだけあり、美しい輝きがワインを引き立てる。

**美しい婉曲を描く**
**脚が魅力的**

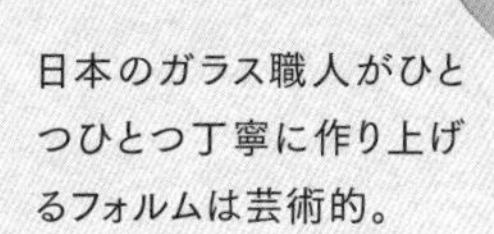

日本のガラス職人がひとつひとつ丁寧に作り上げるフォルムは芸術的。

**なんとも不思議な形だが、**
**倒れない！**
**くるくる回しながら飲もう**

ぐるぐると自動で回るので、簡単にワインを空気に触れさせることができる。

# ワインが開くデキャンタージュ

**せっかくワインを開栓しても
香りが十分出ていない「閉じたワイン」
なんてことも。そんなときは
デキャンタージュをすることで
味わいや香りを引き出せる。**

## デキャンタージュとは?

熟成が進んでいなかったり、香りが十分ではないワインをボトルからデキャンタに移すことで、底に沈んでいた澱(おり)を取り除き、ワインを空気に触れさせて酸化させ、香りや味わいを引き出すこと。

## ボルドーワインの年代物はデキャンタージュに向くが、ブルゴーニュワインの年代物は向かない

### ボルドーが向く理由

渋味が特徴的なボルドーはタンニンを豊富に含んでいるため澱(おり)ができやすく、味わいや舌触りに影響が出やすい。デキャンタージュを行い澱(おり)を取り除くことで、舌触りもよくおいしいワインを楽しむことができる。

### ブルゴーニュが向かない理由

酸味が特徴的なブルゴーニュは、デキャンタージュすることによって酸味がさらにきつくなってしまう。また、香りが飛んで弱まってしまい繊細な味わいを楽しむことができなくなるため、デキャンタージュには向かない。

### 若いワインはデキャンタージュでおいしくなる!?

通常の熟成は、長い年月をかけて少しずつ酸化されることで味わいや香りなどを出していく。しかし、若いワインは熟成があまり進んでおらず、味わいや香りが十分に出ていないことが多い。デキャンタージュを行い空気に触れさせることで、一度に酸化が進み若いワインもおいしく味わうことができる。

# デキャンタージュは ワインをおいしくする魔法

## 1 澱を除く

一部の赤ワインの中には、渋味の元であるタンニンと色素の元であるポリフェノールがくっついてできた、澱と呼ばれる黒い塊が沈殿している。澱は非常に渋く、そのまま飲むと味わいや舌触りが悪くなるので、グラスに注ぐ前に取り除いたほうがよい。ワインをデキャンタに移し替えることで、澱を除いた上澄みだけを楽しむことができる。

## 2 味がまろやかになる

まだ熟成が十分でない若いワインや、渋味が強く硬い味わいのワインは、デキャンタに移すことで空気中の酸素にワインが触れ、味わいがまろやかになり飲みやすくなる。

## 3 香りがよくなる

ワイン中の酸素が不足すると硫黄化合物が発生し、不快な香りがしたり、香気成分が低下したりする。デキャンタージュすることで空気中の酸素に触れるため、不快臭がなくなる、本来の香気成分に戻るなど香りが開く効果がある。

## デキャンタージュの方法（熟成されたワイン）

### 必要なもの

◎清潔な乾いた布
◎澱を照らすためのろうそくやライト
◎空気との接触を抑えた、中央部の膨らんでいない幅の狭いデキャンタ。口の部分が狭まっているものだとなおよい。

### 準備

食事の数日前から、ボトル立てて澱がボトルの底に沈殿するようにしておく。

### 1 コルクを抜く。

抜くときに、コルク片がワインの中に入らないように注意すること。

### 2 ボトルの口を拭く。

清潔な乾いた布や紙ナプキンで、ボトルの口を拭く。長年熟成してきたワインの口には埃が溜まって汚れていることが多いので、丁寧に拭き取ること。

### 3 ワインをデキャンタに移す。

明るい場所で、澱が入らないようにデキャンタに静かにゆっくりと注いでいく。その際に、ボトルの肩辺りをろうそくなどで照らしておくと、澱が見えてやりやすい。

### 4 注ぐのを止める

ボトルの首に澱が現れたら注ぐのはストップ。ワインの上澄みのみをデキャンタに移す。デキャンタージュしてすぐは香りが落ち着かないので30分～1時間後が飲み頃。

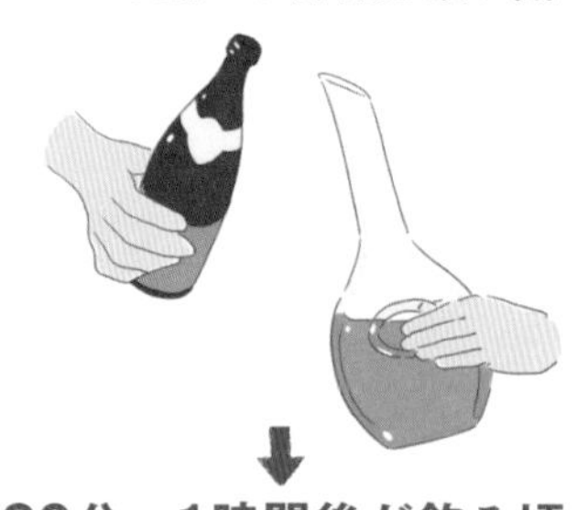

**30分～1時間後が飲み頃**

## デキャンタージュの方法（若いワイン）

### 必要なもの

◎乾いた清潔な布
◎空気との接触面の広い、中央部が横に広く底が浅いデキャンタ。

### 1 コルクを抜く。

ワインによるが、食事の1～3時間前に作業を始める。ボトルの口が汚れている場合は清潔な乾いた布で丁寧に拭き取る。

### 2 ワインをデキャンタに移す。

デキャンタに一気に移し替える。空気をより多く入れるために、ワインを高い位置から注ぐ手法もある。ワインがまだ硬い場合は、デキャンタを横に振っても効果的。

## デキャンタのいろいろ

デキャンタにはいろいろな種類があり、材質や形などに個性がある。ワインをおいしく味わうためには、ヴィンテージワインや若いワインなど個々にそれぞれ対応したデキャンタが必要だ。

上）ボトルにセットして注ぐだけでワインがおいしくなるポアラー。
左）くびれているので持ちやすいデキャンタ。

シャワーの原理を応用し、注ぐだけでワインに空気を含ませる新しいタイプのデキャンタ。

# ワイン会をしよう!

ワインについてある程度知識がついたら、
人を集めてワインを飲むワイン会をしてみよう。

## 前日までの準備

### 誰を呼ぶ?

誰と飲むかで場の雰囲気は変わるので、料理やそれに合わせるワインも変わる。親しい友人、恋人など誰を呼ぶかを最初に決めよう。

### どこでやる?

自宅で開催するなら食事などを用意する必要があり、店舗の場合はどんなワインがあるかなどをリサーチする必要がある。

### 予算はいくら?

ワインの価格には差があるので、予算によって選ぶ銘柄が変わる。そのため、ざっくりでも予算を決めておこう。

### 何を飲む?

どんなワインを飲む会にするのか、銘柄を決めておく。赤ワインを飲む会、肉料理に合うワインを飲む会などコンセプトを決めると◎。

### いつ行う?

昼間なのか夜なのか、その時間帯によって会の雰囲気も合うワインも異なる。また、夏だったら爽やかなワインなど、季節によっても変わる。

### どうやってやる?

呼ぶ相手や場所などがある程度決まったら招待の仕方や、当日どのような流れでワインを提供するかなど細かい部分を考える。

# ワインはテーマを決めて飲み比べすると楽しい

## ロマネ・コンティに関係するワインを飲み比べ

ロマネ・コンティを造っているDRC社のほかのワインや、ロマネ・コンティと同じ土地でとれるワインを飲み比べる。

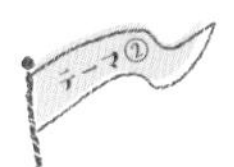


## 同じブドウで生産国の違いを味わう

たとえば同じピノ・ノワールを使っているワインでも、生産国によって味わいがまるで異なることもある。飲み比べれば好みの味がわかるはず。

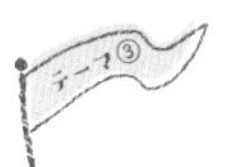


## 同じ生産者で違うブドウのワインを飲み比べ

同じ生産者が造るワインでも、使うブドウが異なるとまるで印象が違うことも。飲み比べて好きなブドウを探してみよう。人によって差が出るはずだ。

## 自分が好みの味のものを持ち寄る

参加者が各々好きなワインを持ち寄って、みんなで飲み比べる。好みの味は人それぞれなので、飲み比べると合う、合わないが出ておもしろいだろう。

# 料理を準備する

## 手でつまめるものや ようじに刺したものを！

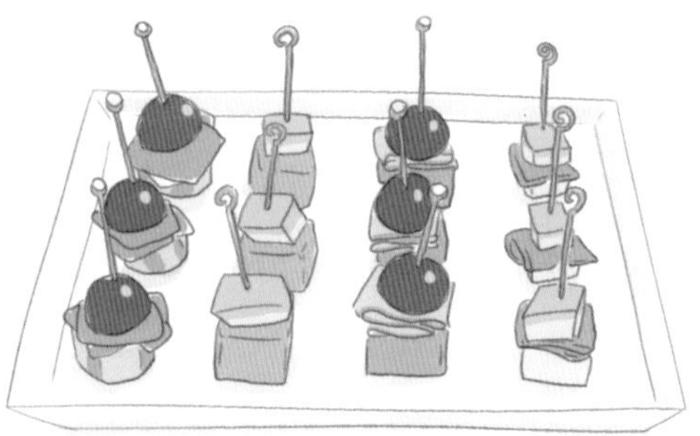

ワイングラスを片手に持っていても、
取りやすいよう手でつまめるピンチョスなどの料理が◎。

## ランチョンマットや 皿は華やかに！ 使い捨てでも 可愛いものを探す！

ランチョンマットや
皿がおしゃれなだけで、気分が華やぐ。
最近は100円ショップでも
かわいい紙皿が売っているのでおすすめ。

## ホットプレートや 鍋でメインを用意

メイン料理はホットプレートや鍋にすれば、
そのまま食卓に出せて便利。ホットプレートなら
温めながら食べられるので、冷めることを気にしなくてよい。

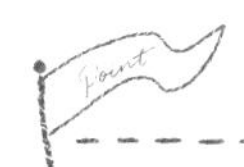

## ショートパスタなら時間が経っても伸びにくい

パスタは時間が経つと伸びてしまうが、
ショートパスタなら伸びにくいうえに、
ワインとの相性もよいのでおすすめ。

## 持ち寄りも楽しい

参加メンバーで自分の食べたいものを持参する、
持ち寄りパーティも楽しい。
ホストの後片付けの
負担が減るのもポイント。

## 前日から作っておけるものなら当日簡単

できるだけ当日の負担を減らすために、
前日作れるものは作っておく。揚げ物なども、
下ごしらえだけ事前にしておいて当日は揚げるだけにする。

## あると便利なもの

### グラスマーカー

ワイングラスの足に付けるリング型のアクセサリー。グラスがたくさん並んでいても、グラスマーカーをつければすぐに自分のグラスを見つけることができる。大人の雰囲気に似合うシンプルなものから、花やワインボトル、動物などデザインが豊富。

### ワインクーラー

ワインを冷やす容器。冷蔵庫よりも短時間で冷やすことができ、電気を使わないのでテーブルでも使える。ワインをサーブする前に適温に調節できる便利なアイテム。場の雰囲気によって、ガラスやステンレス、木などを選んでも楽しい。

## 当日注意すること

**■立食の場合は特に両手が空くバッグにする**

**■ドレスコードなど TPO を守る。黒っぽい服なら赤ワインが飛んでも安心**

**■香水など匂いのきついものは避ける<br>（ハンドクリームや柔軟剤などの匂いにも注意）**

**■酔いすぎないように酒量をコントロールする**

**■水分摂取を心がける**

**■ワインのうんちくを一人でペラペラ話さない、知ったかぶりは×**

# 残ったワインの保存方法

## 余ったワインは空気に触れさせないのが一番

### コルク＋ラップ

コルクにラップを巻きつけることによって、ボトルの中に空気が入りにくくなる。

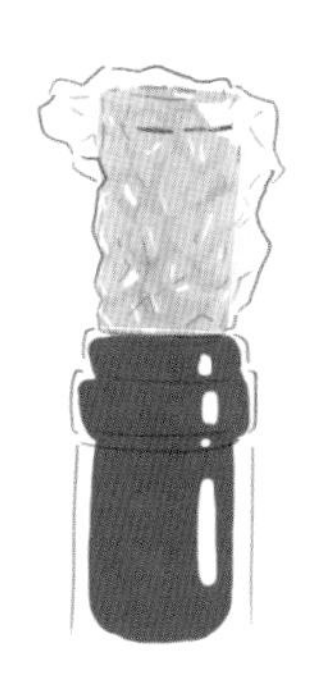

### 市販の栓

ポンプでボトルの中を空気を抜いて真空状態にすることで、ワインの酸化を防げる。

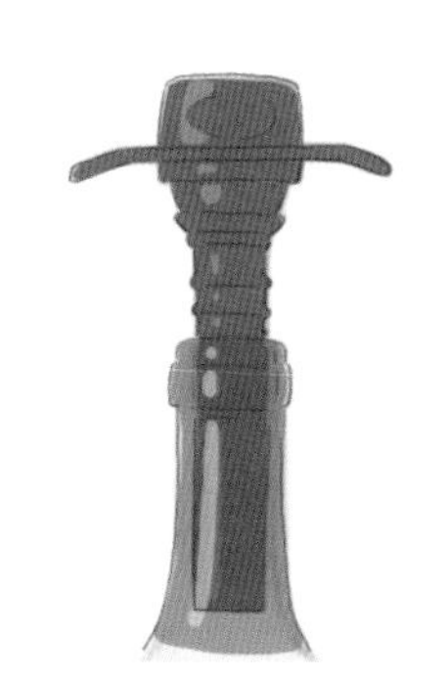

### 別の容器に移す

空気に触れる面が小さければワインが劣化しにくい。容器の口までワインを満たすことがコツ。

## スパークリングは飲みきる
## 白ワインは１～３日、赤ワインは２～５日もつことも

白ワイン、赤ワインは上のような方法で保存すればよい状態を保つことができるが、スパークリングワインは例外。開栓すると炭酸が抜けてしまうので、一度開けたら飲みきったほうがよい。ただし、シャンパン・ストッパーなどの専用のグッズを使えば24時間は炭酸が抜けない状態で保存ができるのでどうしても飲みきれないときは活用してみるのも手だろう。

# レストランでのワインの頼み方

はじめてレストランでワインを頼むのはとても緊張するもの。
流れや価格設定などワインの頼み方のいろはを知って、リラックスして楽しもう。

*Question*

## そもそも何を頼んだらいいの?

## とりあえずスパークリング とりあえずグラスの白

居酒屋で「とりあえずビール」という言葉が定番のように、ワインでは食前酒として好まれるスパークリングワインか、グラスの白を頼めば、最初の1杯として間違いない。

*Question*

## いくらくらいになるの?

## コース料理× 2倍の価格を想定すれば OK

レストランでワインを頼むと小売価格の約3倍はするのでワインも料理と同じくらいの予算と考えるとよい。つまり合計額はコース料理×2倍と想定しよう。

## 予算外のワインをおすすめされたら？

### 予算ははっきり伝えよう。目安はコースの1／2～2／3

とにかく悩んだらソムリエに相談。予算を伝えたほうがより最適なワインを探すことができるので、恥ずかしがる必要はない。予算に加えて、自分の好みを伝えるとなおよい。

Question

## 銘柄なんてちんぷんかんぷん…ワインリストの見方がわからない！

### わからなくても大丈夫。そのためにソムリエがいます。

慣れないうちは、カタカナや外国語の羅列に気後れしてしまうのは当然。素直にソムリエに助けを求めよう。このとき、自分の希望をなるべく具体的に伝えること。そうすることで最良なワインと出会える。

# 1 コース料理でのワインの頼み方

## 魚料理は白、肉料理は赤が基本

知っておけば失敗しない最も基本的な合わせ方は「魚料理には白ワイン、肉料理には赤ワイン」だ。淡白な白身魚の料理にはスッキリした白ワインが、こってりしたソースの肉料理にはコクのある赤ワインが、というように基本的にこの合わせ方を覚えておけば料理、ワインともにまずくなることはない。もちろん淡白な鶏肉のような白身の肉には白ワインが合ったり、マグロなどの鉄分を感じるような赤身の魚には軽めの赤ワインが合ったりと例外もあるので、どちらを合わせるか迷ったらソムリエに相談をするのがベスト。

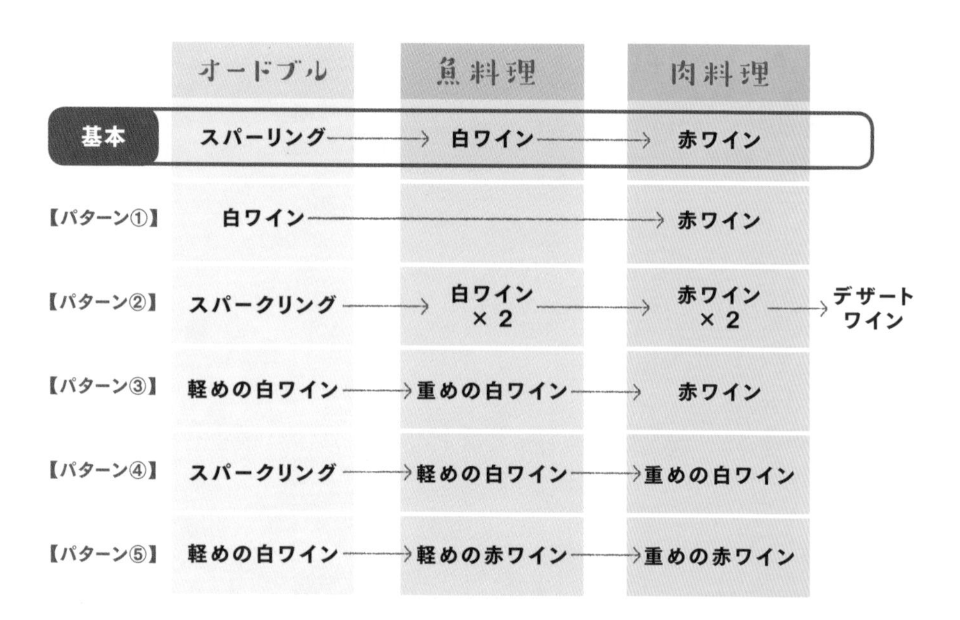


### ワインの頼み方にセオリーはありません!

だいたいのワインの頼み方を説明したが、もちろんこれは一例。例えばオードブルは頼まず、肉料理を2皿頼めば自ずと合わせるワインも変わる。ただ、ワイン初心者で何から頼めばいいのかわからない、という人は上記のどれかのパターンで頼めば間違うことはないので、参考にするといいだろう。

## グラスで頼む？ それともボトル？

### 初心者はグラスが安心

どんなものを頼めばいいかわからない初心者だったら、最初からボトルを頼むのは気が引けるだろう。おすすめなのはグラス。グラスに1杯だけなので味見にはもってこいだ。ボトルと違って価格も手頃なので頼みやすい。

**ボトル１本＝グラス５～６杯分**
**二人なら同じワインで**
**通す可能性も**

相手と二人での食事の席で、ボトルを何本も頼むことはあまりないだろう。だいたいボトル1本の価格はグラス5～6杯分と考えればよいので、自分たちのアルコール許容量を踏まえてグラスとボトルのどちらを頼むか考えよう。

## アペリティフ（食前酒）は頼まなくてもOK

### ビールやキールを頼んでもよい

**いきなり白ワインでもOK**
**アペリティフはスパークリングとは限らない**

「食前酒」という言葉どおり、食事がくる前に飲んで食欲を増進させるためのアペリティフ。はじめから酔わないようにアルコール度数が低く、飲みやすいスパークリングワインなどが選ばれる。絶対に頼まなければいけないものでもなく、メニューにあればもちろんビールやキールを頼んでもよい。

## ワインの価格はどうするか？

### コース料理×２が支払う価格の目安

グラスワインなら
１杯１,０００円程度

２人でコース料理６,０００円×２＋グラスワイン６杯６,０００円

=18,000円＋炭酸水代1,000円（１本）＋サービス料10%(※)

＝20,900円＋消費税＝22,990円

＝約**11,500**円（１人）

ボトルを頼むならコース料理の
半分～２／３くらいの価格のものを

３人で6,000円のコース料理を頼む

コース料理6,000円×３人分

＋食前酒（スパークリングワイン）1,000円×３人分

＋ボトル１本4,000円

＝25,000円＋炭酸水2,000円（２本）

＝27,000円＋サービス料10%

＝29,700円＋消費税＝32,670円

約10,900円（１人）

ボトルを２本頼むなら＋4,000円

約**12,200**円（１人）

※サービス料の扱いは店舗により異なる。

# ソムリエにワインを頼んでもらう場合

## 価格をはっきり指定

ワインは価格に差があるので、「○円以内」とちゃんと価格を指定したほうがその予算内で最適なワインを選んでくれる。ソムリエも選択範囲が狭くなるので、予算を伝えたほうが選びやすい。

## 判断をせまられたら料理に合う１本をお願いする

「どちらのワインがいいか」とソムリエがこちらに判断を委ねてきても、自分では判断できない！ そんなときはコース料理に合うほうのワインにしてもらおう。料理との相性がよいワインが一番だ。

## ワインリストの見方

**書かれているのはワインの名前（生産者）、国、ヴィンテージ、価格**

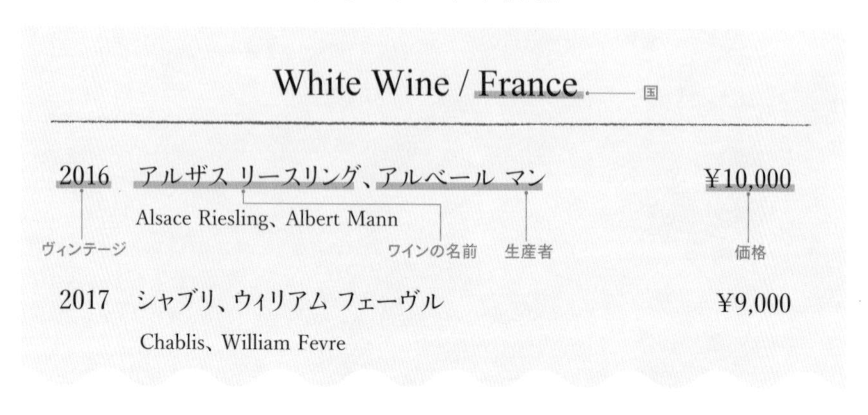


### ワインリストの掲載方法

**ワインリストの掲載方法は店舗により大きく異なる。国別に掲載しているところもあれば、カジュアルな店舗ではブドウの品種別や味わい別なところもある。**

### 国別に掲載

必ず掲載されていて、わかりやすい情報が生産国だ。例えば同じ赤ワインでもフランスとチリでは味わいが大きく異なるので、生産国ごとにだいたいの特徴を覚えておこう。

### ブドウの品種別に掲載

重いコクのあるワイン、軽く飲みやすいワインなどの好みはブドウの品種によって左右されることが多い。主要品種で飲み比べ、自分の好みの味を見つけてみよう。

### 味わい別に掲載

「力強くコクのある味」「フルーティーで飲みやすい」など、そのワインの味わいが載っていることも。名前や品種がわからなくても安心だ。

## ワンランク上のワインの頼み方

### ワインリストのボリュームゾーンから選ぶ

価格はワインを選ぶ大切な判断材料。リスト内のワインの価格には差があるので、どれくらいのものを選べばいいか迷うだろう。そんなときはその店で最も多い価格帯＝ボリュームゾーンから選ぶとよい。種類が豊富ということは、その店がその価格帯に一番力を入れているということ。掘り出し物に当たる可能性も高くなる。ボリュームゾーンを意識してワインリストを見るのも手だ。

### 好みのものが何かを知る

ワインを飲んでいくうちに、自分の好きな味が少しずつわかってくるはず。たとえば、最初は飲みやすいメルローが好きだったが、だんだん濃厚なカベルネ・ソーヴィニヨンや繊細なピノ・ノワールが好きになったり。例えば「そこまで高価格ではないピノ・ノワールを」と頼めば、ソムリエも好みがわかるし、ピノ・ノワール＝高価格という知識があることも伝わる。

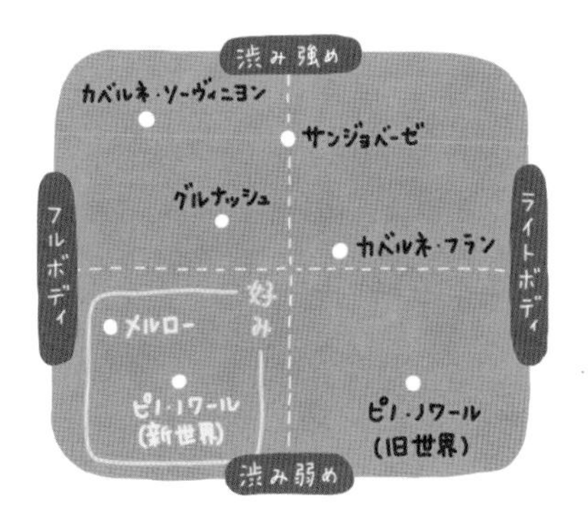


### 2番めに安いワインを頼まない？

「恋人にいいところを見せたいから店で一番安いワインは頼めない……じゃあ、2番めに安いワインを……」と考える気持ちもわかるが、ちょっと待ってほしい。2番めに安いワインは最もよく頼まれるので、店側も一番利益率が高い価格に設定しているという説もある。それならいっそ一番安いワインを選んだほうがよい。価格は大事だが、あまり振り回されないこと。

# 知っておきたい ワインのマナー

**ワインについて知識がついても、飲み方や注ぎ方などのマナーが身についていないと恥ずかしい。ワイン片手にスマートな振る舞いができるよう心がけよう。**

## ワイングラスは脚を持つ それともふくらみ部分？

## TPOに合わせて 使い分け

日本では足の部分を持つのがマナーだが、これは国際的にはテイスティングする持ち方。国際的にはボウル部分（P42参照）を持つのが一般的。

## ワインはお店の人が 注いでくれるまで待つ？ 注ぐのは男性の仕事

## カジュアルなレストランなら 自分で注いでもOK

ワインバルのようなカジュアルな店ならよいが、女性が注ぐのは服などが汚れてしまう可能性を配慮してNGとされている。

## ワインは並々と注いではいけないの？

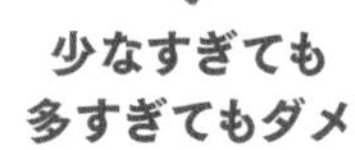

## 少なすぎても 多すぎてもダメ

量が少ないとワインの温度が変わりやすく、多いとグラスを回してワインの香りを開かせることができなくなる。

### 乾杯のとき グラスは合わせてはダメ?

↓

### 高級なワイングラスほど 割れやすい。「カチン」はNG

高級なグラスを合わせると割れてしまうことも。胸から顔くらいの高さまでグラスを持ち上げて、スマートに「乾杯」というだけでOK。

### つぎ足すときの マナーは?

↓

### 1／4くらいになったら つぎ足す

フランス式では、グラスの残りが1/4くらいになったときにつぎ足す。日本ではフレンチの店が多いため、フランス式で行っているところが多い。

### グラスに口紅がついたら 拭き取る?

↓

### 親指と人差し指で すべらせるように拭き取る

グラスについた口紅は親指と人差し指で拭き取って、そっとナプキンで拭う。口紅が気になる場合は、事前に軽くティッシュでオフしておいても◎。

#### もういらないのサイン

### グラスのふちに 手を軽く添えてサインを

ワインがなくなりそうになるとたいていソムリエが注ぎに来てくれるが、いらないときはグラスのふちにそっと手を添えて「いらない」ことをアピール。言葉にする必要はない。

# ソムリエの仕事

## ワインの提供だけが仕事ではない！仕入れや商品管理も仕事

レストランなどでワインをサーブしてくれたり、希望に合うワインを選んでくれたりするソムリエ。仕事内容は接客などのサービスのほかにも、ワインの仕入れや管理なども受け持つことが多い。ソムリエと積極的にコミュニケーションをとって、素敵な時間を提供してもらおう。

### ソムリエ資格の２つの種類

**1 JSAソムリエ**

日本ではソムリエは国家資格ではなく呼称資格で、日本ソムリエ協会が一年に一回実施している。

**2 ANSAソムリエ**

全日本ソムリエ連盟が実施。ワインコーディネーター（ソムリエ）やワインナビゲーターの呼称資格が受けられる。

# ワインのブドウ

ワインの唯一の原料といっても過言ではないブドウ。黒ブドウ、白ブドウの2種類があるが、品種によってもまるで違う個性を持っている。それぞれのブドウの特徴を知ることが、好きなワインの味を知る近道になる。

# ワインのブドウ

**ワインの原料であるブドウ。**
**その種類は1万種ともいわれ、世界中で栽培されている。**
**品種ごとの特徴を知れば、ワインを知る近道になる。**

### ワインのブドウは 生で食べても実はおいしい

ワイン用ブドウは酸味と甘味それぞれをしっかりと持っているため、皮や種を取り除けば生食用とはまた異なる複雑味のある濃厚な味わいを楽しむことができる。

**ワイン用のブドウは**

### 皮が厚くて小粒

皮の厚みや色素の濃さ、種の大きさはタンニンの量や色味に影響する。また、小粒であれば糖度も高く、酸味も強いのでより味のよいワインが造れる。

**糖度：高い**
**酸味：強い**
**タンニン：豊富**

**生食用のブドウは**

### 皮が薄くて大粒

大粒で皮が薄く水分量の多い生食用のブドウの方がタンニンや酸味、苦味の量が少ない。そのため、甘味を感じやすくジューシーな味わいを楽しめる。

**生食用のブドウでも ワインは造られる**

小粒で種のないデラウェアや大粒で皮の薄いマスカット・ベイリーAなどはワインも造られる。

### 赤ワインは黒ブドウ 白ワインは白ブドウ

赤ワインは渋味や色調を出すために、色素が強くタンニンの含有量が多い黒ブドウを皮ごと使う。対して白ワインは、白ブドウ果汁のみを使って造るため、果汁由来の透明〜黄色みがかった色合いになる。

**赤ワインは皮ごと**
**白ワインは皮なし**
**色の違いは**
**皮のあるなしで決まる**

# ワインの味はブドウの品種である程度は想像できる!

ブドウは品種によって渋味が強かったり、フルーティーだったりと味わいが異なる。
ブドウの味はワインにそのまま出るので、品種がわかればワインの味が想像つく。

**例えば……**

**■カベルネ・ソーヴィニヨンなら**

➡酸味、渋味が強い。凝縮した果実味で骨格のある味に。

**■ピノ・ノワールなら**

➡渋味は穏やかで酸味はしっかりとしたベリー系のフルーティーな味に。

**■シャルドネなら**

➡ブドウ由来の個性は少ないが、育つ環境や醸造方法により多彩に変化する。

**■リースリングなら**

➡果実味豊かな繊細な飲み口と引き締まった酸味が特徴。

# カベルネ・ソーヴィニヨン

Cabernet Sauvignon

栽培面積は世界で1位と、世界中で最も愛されている黒ブドウ品種。カシスやブルーベリーのような香りがあり、また酸やタンニンが豊富に含まれているので、パワフルでしっかりしたボディを感じられる。まさに赤ワインらしい味わい。

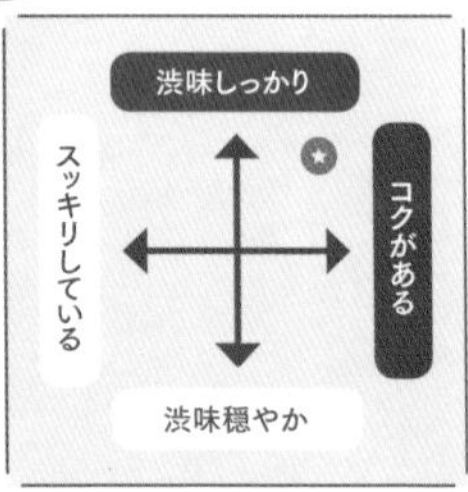


**産地＆原産地** 原産地はフランスのボルドー地方。ほかには、アメリカのカリフォルニアや、チリが有名。そのほかにも、オーストラリアやアルゼンチン、中国など世界各国で栽培されている。

**別名**
Petit-Cabernet
Petit-Bouchet
Bouchet／Petite-Vidure
Vidure／Navarre／Breton

**こんな人におすすめ**
■「THE赤ワイン」が飲みたい人
■濃厚で力強い味わいが好きな人

**合う料理**
牛肉など赤身肉のステーキやロースト

# ピノ・ノワール

Pinot Noir

比較的タンニンは少なく渋味は控えめ、上品な味わいが特徴だ。繊細な口当たりが魅力なので、ほとんどはほかの品種とブレンドせず、単一で造られる。初心者よりある程度いろいろなものを飲んだ経験があってこそ、おいしさがわかる。

渋味しっかり
スッキリしている
コクがある
渋味穏やか

**産地&原産地**　フランス・ブルゴーニュ地方が原産地。ほかには、アメリカのオレゴン州、ニュージーランドなどで栽培されている。暑い国では栽培がむずかしい。

**別名**

Noirien
Morillon Noir
Plant Noble
Plant Doré
Spätburgunder
Blauburgunder
Blauer Burgunder
Klevner
Pinot Nero

**こんな人におすすめ**

■渋味の少ない穏やかな赤ワインが飲みたい人

■軽い口当たりが好きな人

**合う料理**

鴨肉や鶏肉を使った料理や甘酸っぱいソースの料理

# カベルネ・フラン

Cabernet Franc

ブドウ品種

名前からわかるようにカベルネ・ソーヴィニヨンの交配親。メルローとブレンドされることも多く、補助品種というイメージもあるかもしれないが、主役をはることも可能。爽やかかつフルーティーで、絹のような柔らかな味わいを楽しめる。

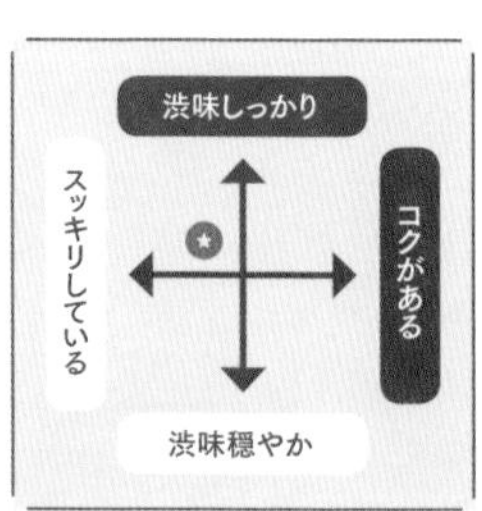


**産地＆原産地**　主要産地であるフランス・ボルドー地方ではブレンド用に栽培されている。主役になるのはフランス・ロワール地方で、カベルネ・フラン100％のワインが多く生産されている。

**別名**

Gros-Cabernet
Breton
Carmenet
Gros-Bouchet
Bouchet
Grosse-Vidure
Cabernet Frank

**こんな人におすすめ**

■軽やかな口当たりのワインが好きな人

■カベルネ・ソーヴィニヨンが好きな人

**合う料理**

牛肉や子羊肉などの赤身肉のステーキ

# メルロー

Merlot

ブドウ品種

カベルネ・ソーヴィニヨンとブレンドされることが多く、最高の相方といわれる。まろやかで口当たりのいい、やさしい味わいが特徴。単一でも魅力のある品種で、赤ワインを飲み慣れていない人でも親しみやすく飲みやすい。

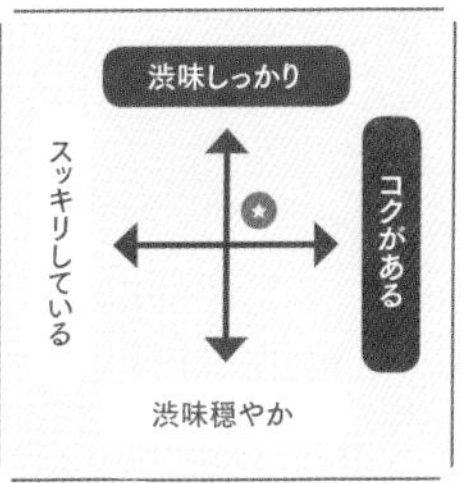


**産地＆原産地**　原産はフランス・ボルドー地方で、ボルドーでは最も広く栽培されている。環境適応力が高く、育てやすいので、世界各国で広く栽培される。日本でも多く栽培されている。

**別名**
Merlot Noir
Sémillon Rouge
Médoc Noir
Bégney

**こんな人におすすめ**
■渋い赤ワインが苦手な人
■柔らかい口当たりが好きな人

**合う料理**
煮込み料理や柔らかなお肉の料理

# シラー

Syrah

ブドウ品種

ブラックペッパーを思わせるフレーバー、スパイシーで濃厚な味わいが特徴。熟成することでムスクや土の香りが加わり、エレガントさが出る。オーストラリアでは「シラーズ」と呼ばれる。いつもと少し違うワインを飲みたいときにおすすめ。

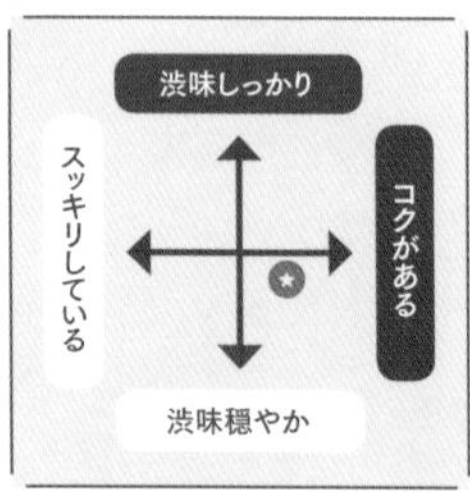


**産地＆原産地**　原産地のフランス・ローヌ地方と、オーストラリアが2大産地。温和、暑い気候が適している。そのほか、アメリカのカリフォルニア州やチリ、アルゼンチンなどでも栽培されている。

**別名**

Shiraz
Syra
Schiras
Serine
Marsanne Noir
Hermitage
Balsamina

**こんな人におすすめ**

■スパイシーさが魅力なので、少しパンチのあるワインが飲みたいときに。

**合う料理**

スパイシーな肉料理

# グルナッシュ

Grenache

渋味や酸味よりも、まろやかな甘味をすぐに感じられる。シラーなどのスパイシーな品種とブレンドされることが多く、グルナッシュをブレンドすることでフルーティーで、柔らかなボディのワインになる。酒精強化ワインの原料に使われることも。

渋味しっかり
スッキリしている
コクがある
渋味穏やか

**産地＆原産地**　スペインのアラゴン地方が原産地。地中海沿岸が主な栽培地域で、南フランスやローヌ地方でも栽培されている。ほかにも、アメリカやオーストラリア、南アフリカなど暖かい国で主に栽培されている。

**別名**

Grenache Noir　Garnacha
Alicante　Cannonau

**こんな人におすすめ**

- ■まったりした味わいが好きな人
- ■甘いワインが飲みたいときに

**合う料理**

ブイヤベースなどの地中海料理、ほほ肉などの煮込み料理

# ガメイ

Gamay

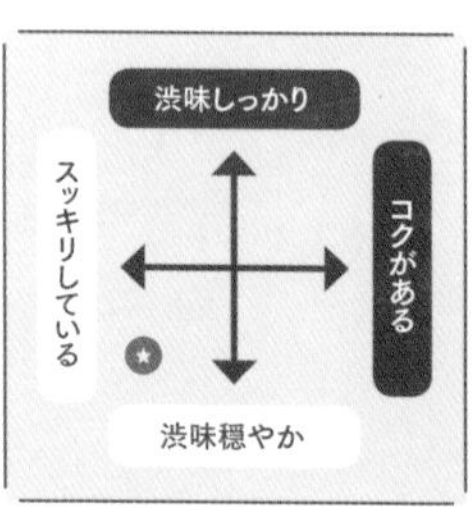


イチゴやラズベリーのような甘い果実味が特徴。タンニンも少なめなのでフルーティーな味が楽しめる。爽やかかつ飲みやすいチャーミングな味わいで、ここ数年で人気が上昇している。ボージョレ・ヌーヴォーの原料としても有名だ。

**産地＆原産地**　フランス・ボージョレ地方が原産地で、世界の栽培面積の半分以上はボージョレ地方。ほかには、ブルゴーニュ地方やロワール地方、スイスやチリ、アルゼンチンなどでも栽培されている。

**別名**

Gamay Noir à Jus Blanc
Gamay Noir
Gamay de la Dôle
Grosse Dôle

**こんな人におすすめ**

■フルーティーな味わいが好きな人

■渋いワインが苦手な人

**合う料理**

軽めの肉料理やハムやソーセージなど豚肉加工品を使った料理

和食によく合う！

## 果実味が魅力の日本ワイン

日本固有の品種。イチゴのような甘い香りと、軽やかでやさしい味わい。タンニンは少なく、みずみずしい。ストロベリーフラノンの別名を持つ「フラネオール」という成分が含まれ、この成分による甘い香りとフレッシュな果実味が特徴だ。

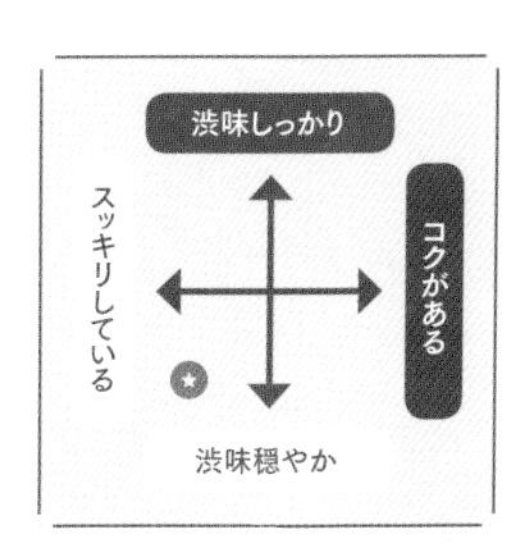


**産地＆原産地**　新潟県が原産地。1927年に「日本ワインの父」と呼ばれる川上善兵衛氏の交配によって生まれた。現在は半分が山梨県で生産されている。

**別名**
特になし

**こんな人におすすめ**
■渋いワインが苦手な人
■フルーティーなワインを味わいたい人に

**合う料理**
和食全般、魚料理、醤油との相性も抜群。

# サンジョヴェーゼ

Sangiovese

ブドウ品種

イタリアの代表的な品種で、プラムやスミレの花のような香りがあり、また渋味、酸味をしっかり感じられる味わい。突然変異しやすい性質のためクローンの数が多い。トスカーナ州で造られる大人気ワイン「キャンティ」の品種としても有名。

渋味しっかり
スッキリしている
コクがある
渋味穏やか

**産地＆原産地**　イタリアのトスカーナ地方が原産地。主要産地でもある。ほかには、コルシカ島やアメリカ、アルゼンチンなどで生産されている。

**別名**
Brunello
Prugnolo Gentile
Nielluccio

**こんな人におすすめ**
■多様な味が好きな人
■酸味をしっかり感じたい人

**合う料理**
牛肉や猪肉のほか、
トマトソースパスタやピザなどの
イタリア料理。

# テンプラニーリョ

Tempranillo

ブドウ品種

スペインの代表的な品種。プラムのような香りがあり、味わいは華やか。酸味は控えめだが、タンニンの渋味をしっかり感じられる。オーク樽で長期熟成したものも多く、タバコやなめし革の香りの、スパイシーで濃厚なワインが楽しめる。

渋味しっかり
スッキリしている
コクがある
渋味穏やか

**産地&原産地** スペインのリオハ地方が原産地。栽培面積はスペインが圧倒的に広く、スペイン全土が産地といっても過言ではないほど。ほかにはポルトガルやアルゼンチンでも栽培されている。

**別名**

Tinto Fino
Tinto del Pais
Tinta de Toro
Cencibel
Ull de Liebre
Tinta Roriz
Aragonez

**こんな人におすすめ**

■樽熟成したワインが飲みたい人

■濃厚なワインが好きな人

**合う料理**

生ハムや牛肉の煮込み料理、パエリア

# シャルドネ

Chardonnay

世界で最も有名な白ブドウ品種。各地で栽培されているが、地域、テロワール、醸造方法などによって同じシャルドネ種でも味わいが異なり、多彩な表情を見せてくれる。ブドウのポテンシャルが高く、どんな造り方でも優れたワインとなる。

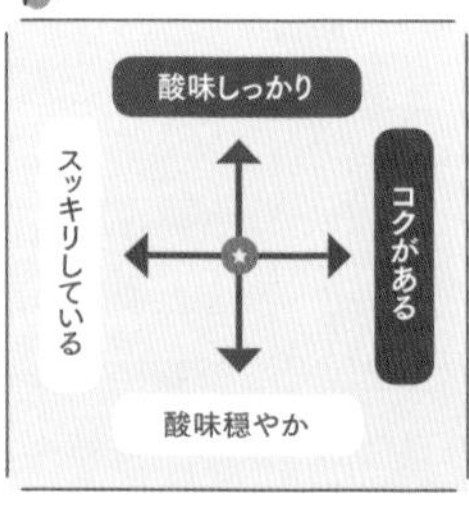


**産地＆原産地**　フランスのブルゴーニュ地方が原産地。フランス・シャンパーニュ地方ではシャンパンの原料にも使われる。ほかには、アメリカやオーストラリアなど世界各国で広く栽培されている。

**別名**

Pinot Chardonnay
Morillon
Weisser Clevner
Beaunois
Epinette
Petite Sainte-Marie

**こんな人におすすめ**

■コクのある白ワインを飲みたい人に

■楽しい気分でワインを飲みたいときに
ワインで失敗したくない人に

**合う料理**

スッキリしたタイプなら魚介類、
まったりしたタイプならクリームやバターを使った料理

# リースリング

Riesling

エレガントな
味わい

## 凛とした ドイツの 貴婦人

ブドウ品種

ドイツを代表する品種で、シャルドネと並ぶ白ブドウの二大品種。冷涼な気候で育てられることでシャープな酸味と、スッキリした味わいが生まれる。極甘口から辛口までタイプは幅広いが、しっかりした酸味と繊細な味はすべてのタイプに共通する。

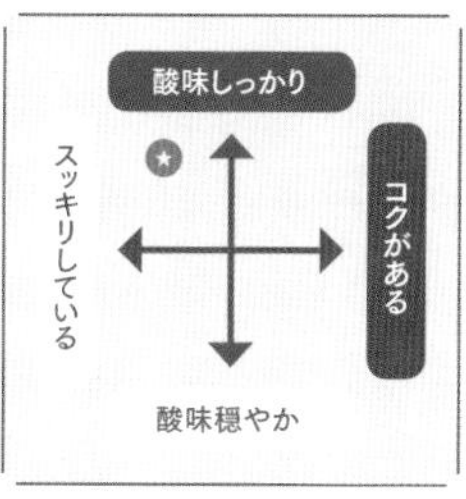


**産地＆原産地**　ドイツのラインガウ地方が原産とされており、ドイツが主要産地。ドイツとの国境に近い、フランス・アルザス地方も産地のひとつだが、こちらは辛口がメイン。

**別名**

Weisser Riesling
Johanisberger
Hochheimer
Gr fenberger
Kastellberger
Riesling Blanc
Gewurztraube

**こんな人におすすめ**

■シャルドネを味わい尽くした人に

■スッキリした酸味を感じたい人に

**合う料理**

クセのない料理、白身魚を使った料理

# ソーヴィニヨン・ブラン

Sauvignon Blanc

ハーブや芝生のような青々しい香りが最大の特徴。そのアロマが人気を呼び、世界各地で栽培されている。フレッシュな酸味とほろ苦さがある一方、フルーティーで爽やかな味わいを併せ持つ。温暖な地域では南国系の果実の香りに。

酸味しっかり
スッキリしている
コクがある
酸味穏やか

**産地＆原産地**　フランス・ボルドー地方原産。世界中で栽培されているが、近年世界的に高評価を受けているのはニュージーランドのマールボロ地区。華やかで果実感たっぷりのワインが味わえる。

**別名**

Muskat-Sylvane
Blanc Fumé
Fumé Blanc
Sauvignon Jaune
Savagnin Musque
Muskat-Silvaner

**こんな人におすすめ**

■ハーブなどの青々しい香りが好きな人

■暑い時期に爽やかなワインが好きな人

**合う料理**

白身魚やサーモン、レモンやハーブを使った料理

# 甲州

Koshu

酸味しっかり

スッキリしている　　コクがある

酸味穏やか

1000年近い歴史を持つ日本を代表する固有品種。フレッシュな酸味とみずみずしい味わいが特徴。白桃や梨のような香りを持ち、アルコールは控えめで食事との相性もよい。日本のブドウとして初めて世界的に醸造用として登録された。

**産地＆原産地**　山梨県が原産地。生食用としても利用されるため、日本では広く栽培されている。山梨県以外の産地は山形県、大阪府、島根県など。

**別名**

特になし

**こんな人におすすめ**

■スッキリしたワインが好きな人

■和食と一緒に飲みたい人

**合う料理**

和食全般、刺身や寿司などの魚介料理、煮物

# セミヨン

Sémillon

糖度が高く、穏やかな酸味とともにドライフルーツやハチミツなどの香りが特徴。果皮が薄く、貴腐菌が付着しやすいため、貴腐ワインを造る品種としても有名。長期熟成能力が高く、熟成させると世界最高峰の甘口ワインが生まれる。

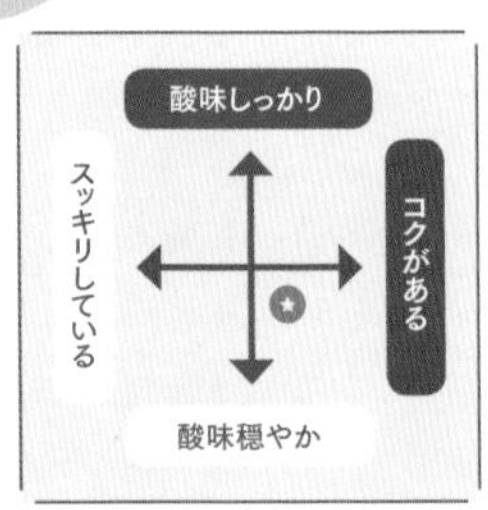


**産地&原産地** フランス・ボルドー地方やオーストラリアのハンター・ヴァレーが主生産地。南アフリカではかつてほどの勢いはないが、今でも栽培されている。

**別名**
特になし

**こんな人におすすめ**
■甘口のワインが好きな人

**合う料理**
白身魚や豚肉を使った料理、
魚料理全般

# ピノ・グリ

Pinot Gris

ピノ・ノワールが突然変異し、果皮がピンク色になってできた品種。洋梨やハチミツのような穏やかな香りと、豊かなボディが特徴。酸味はあまり強くなく、まろやかでスモーキーな風味。近年人気の品種で、世界中で栽培面積が拡大している。

酸味しっかり
スッキリしている
コクがある
酸味穏やか

**産地＆原産地**　フランス・ブルゴーニュ地方が原産といわれている。冷涼な気候を好むため、フランス・アルザス地方、ドイツ、イタリアなどで栽培されている。

**別名**
Grauburgunder
Ruländer
Pinot Grigio

**こんな人におすすめ**
■辛口で飲みごたえのあるワインが飲みたい人

**合う料理**
豚肉や鶏肉を使った料理、中華料理、サラダなど

# マスカット

Muscat

日本では食用として人気のマスカットだが、ワインにしてもマスカットを口に入れたときと同じアロマを感じられる。味わいもマスカットそのもののようにフルーティーで、ピュアな甘さを持つ。辛口タイプでも果実味を感じられるので飲みやすい。

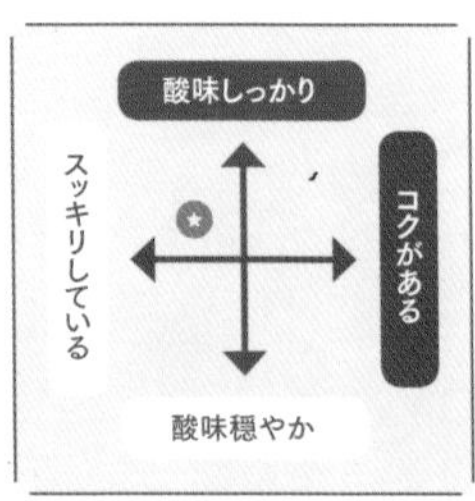


**産地&原産地** 原産地は特定されていないが、古くから地中海世界で栽培されていたとても古い品種。世界のさまざまな地域で広く栽培されている。

**別名**
Moscato
Moscatel

**こんな人におすすめ**
■果物が好きな人、食前酒として飲みたい人
■軽いワインが好きな人

**合う料理**
甘口タイプはデザートに、辛口タイプはサラダなど緑の野菜に合わせよう。

# ヴィオニエ

Viognier

ブドウ品種

アプリコットやオレンジの花のような華やかな香りを持つ、アロマティックな品種。コクのある果実味と穏やかな酸味。とろみのあるクリーミーな味わいが感じられる。シャルドネに劣らないほどのフルボディでアルコール度数も高いものが多い。

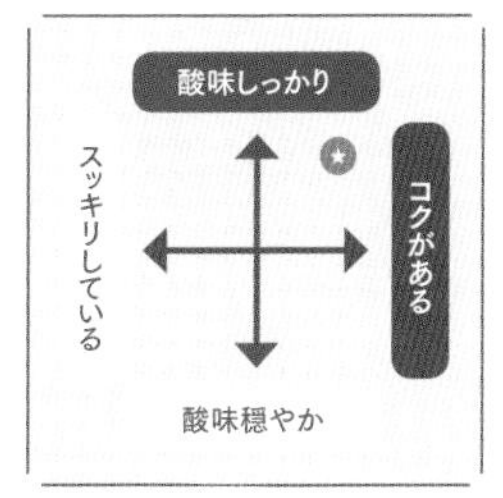


**産地＆原産地**　フランス・ローヌ地方北部のコンドリューという村が原産地で、加えてシャトー・グリエが代表産地。近年は人気が出てアメリカやオーストラリアでも栽培されている。

**別名**

特になし

**こんな人におすすめ**

- エキゾチックな味わいが好きな人
- ワインの香りを楽しみたい人
- 濃厚な味わいが好きな人

**合う料理**

エスニック料理や
ピリ辛の中華料理など

# ミュスカデ

Muscadet

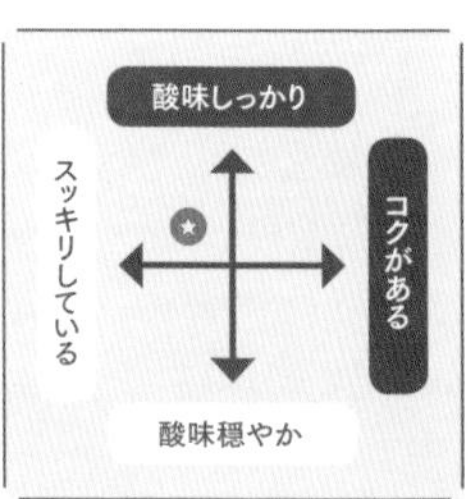


レモンやライムのような果実味と爽やかな酸味が感じられる。日本では1980年代に、リーズナブルな辛口ワインとして人気を集めた。海を感じさせる香りと魚介と相性がよいことから「海のワイン」とも呼ばれる。

**産地＆原産地**　フランス・ロワール地方の最西部、ナント地方周辺が主な産地。ほかはアメリカでごくわずかに栽培されている。原産地であるブルゴーニュでは現在は全く栽培されていない。

**別名**

Melon de Bourgogne

**こんな人におすすめ**

■リーズナブルな辛口白ワインが飲みたい人

■ミネラル感を味わいたい人

**合う料理**

生牡蠣、新鮮な魚介類を使った料理

ブドウ品種

熟した桃のような香りと豊かな果実味が特徴で、キレのある酸味と海藻を思わせるヨード香が味わえる。果皮は厚く、粒も房も小さめで雨の多い地域でも病気になりにくい。熟成すると香りが飛びやすく、フレッシュなうちに飲むのが◎。

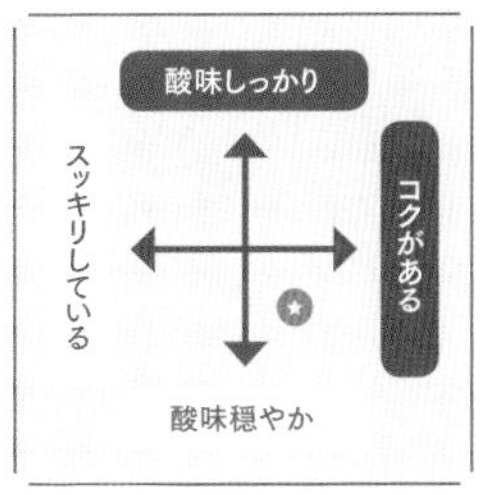


**産地＆原産地** イベリア半島の北西部が原産地とされている。現在の主な産地はスペイン・ガリシア地方のリアス・バイシャス、ポルトガル・ミーニョ地方。

**別名**
特になし

**こんな人におすすめ**
■鋭い酸味を味わいたい人
■魚介類とぴったりのワインを飲みたい人

**合う料理**
魚介を使った料理全般

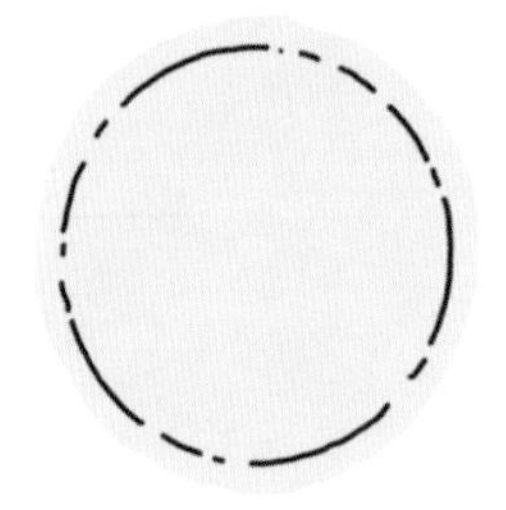

# ワインのテロワール

よく聞く専門用語「テロワール」。
フランス語で、英語や日本語に直訳するのはむずかしいが、
ワインを飲み進めていくうちに土地ごとの
テロワールの表現がわかってくる。

## 地形

畑のある地の標高や斜面の向き、緯度、方位などによってブドウの育ち方は変わる。土地が斜面になっていて、日光が斜めから当たるような地形がよいとされる。

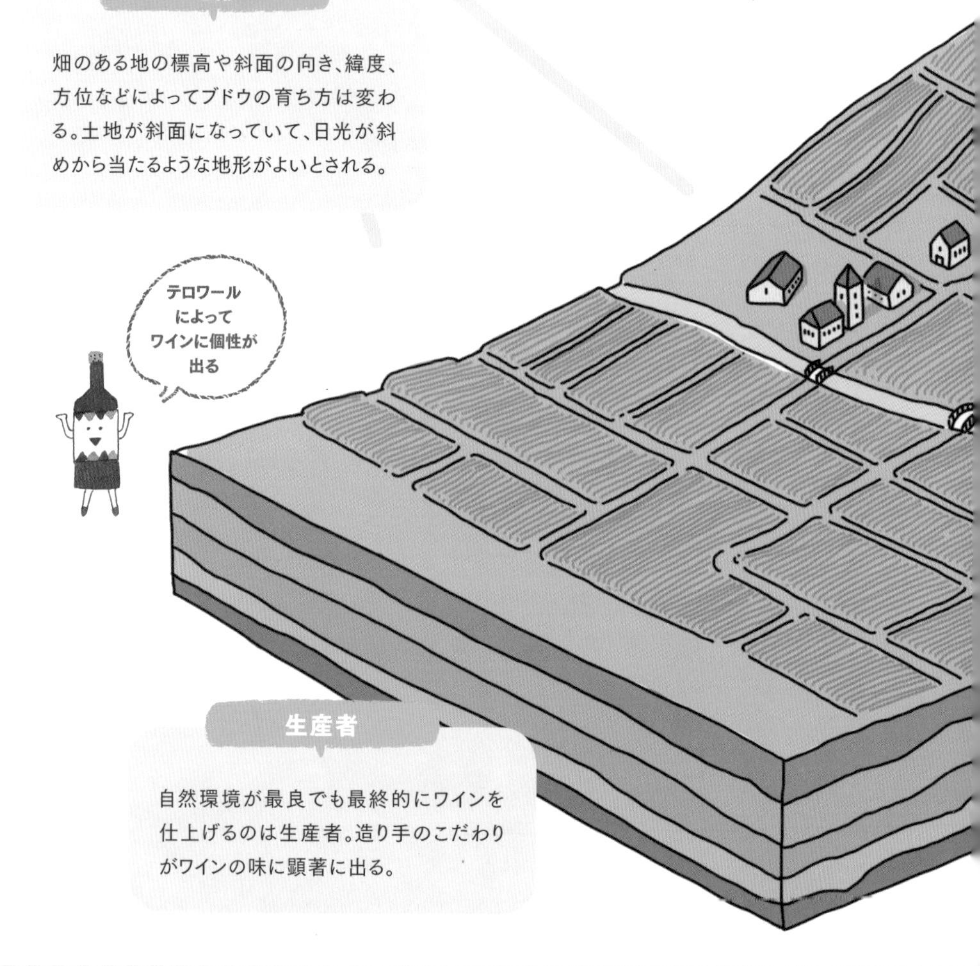


## 生産者

自然環境が最良でも最終的にワインを仕上げるのは生産者。造り手のこだわりがワインの味に顕著に出る。

# テロワール➡ブドウの生育環境のこと

## 畑が違えば同じブドウ品種でも 味は大きく変わる。それはテロワールが異なるから。

テロワールは、ブドウの生育に影響を与える環境すべてのこと。地形、気候、土壌などの自然条件それぞれの特徴のことをいい、テロワールによってワインの味は大きく変わる。

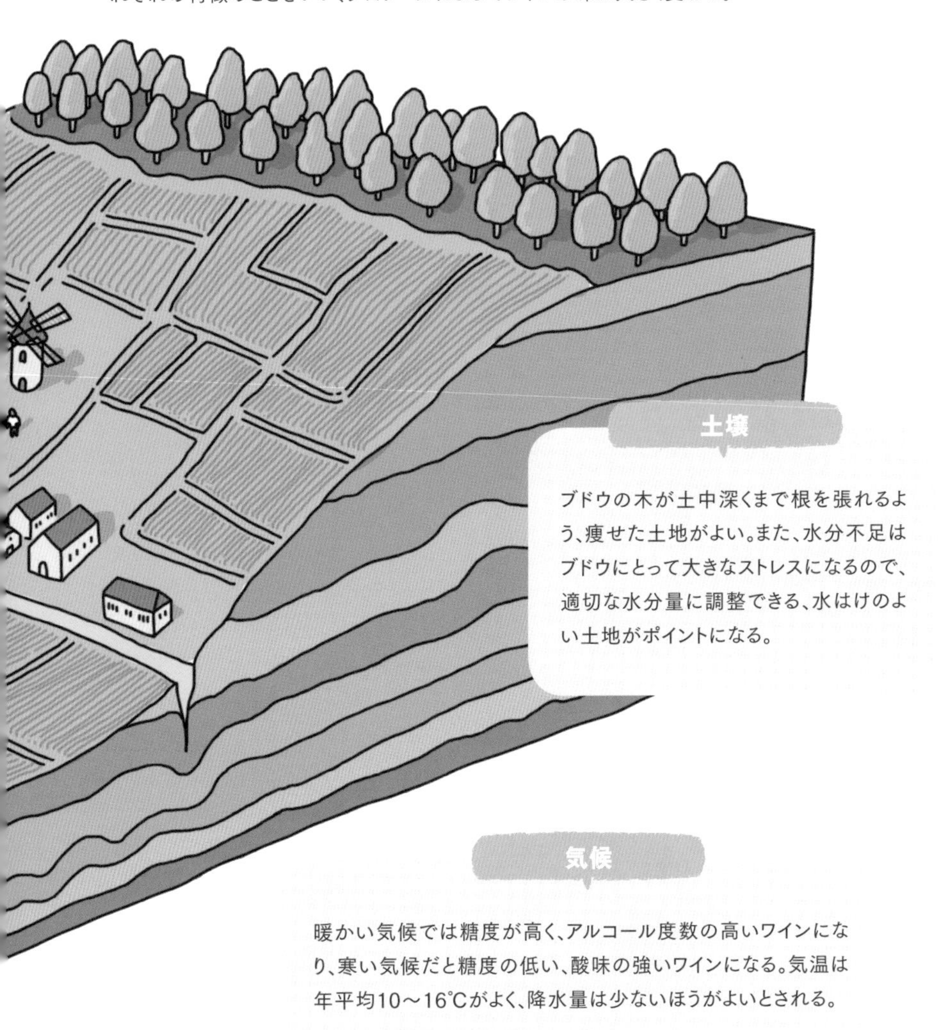

### 土壌

ブドウの木が土中深くまで根を張れるよう、痩せた土地がよい。また、水分不足はブドウにとって大きなストレスになるので、適切な水分量に調整できる、水はけのよい土地がポイントになる。

### 気候

暖かい気候では糖度が高く、アルコール度数の高いワインになり、寒い気候だと糖度の低い、酸味の強いワインになる。気温は年平均10〜16℃がよく、降水量は少ないほうがよいとされる。

# ワインによい 気候

## 1300～1500時間以上の十分な日照量

ブドウは光合成をして糖分を作っているので、生育期間中は十分な日照量が必要。

## 開花期は15～25℃ 成熟期は20～25℃必要

気温が高すぎるとブドウの生体内の機能に障害が出たり成熟が遅れたりする弊害が出る。

## 降雨量が多すぎない 開花から収穫時期は乾燥

降雨量が多いと樹勢が強くなって果実が生育しない。また病害を誘発する湿気にも注意。

## 寒暖差は大きいほうがよい

寒暖差があったほうがブドウの糖と酸のバランスがよくなり、香りや味わいも複雑になる。

## ブドウ栽培ができる４つの気候

※この地域全域でワインが造られているわけではありません。

### 大陸性気候

一日の気温差が激しく、また年間の気温差も大きい。晴天率が高く湿度が低いので、比較的乾燥しやすい。

### 海洋性気候

海からくる温暖な風によって気温差は少なく、湿度が高い。秋が長く続くので、ブドウを十分に成熟させることができる。

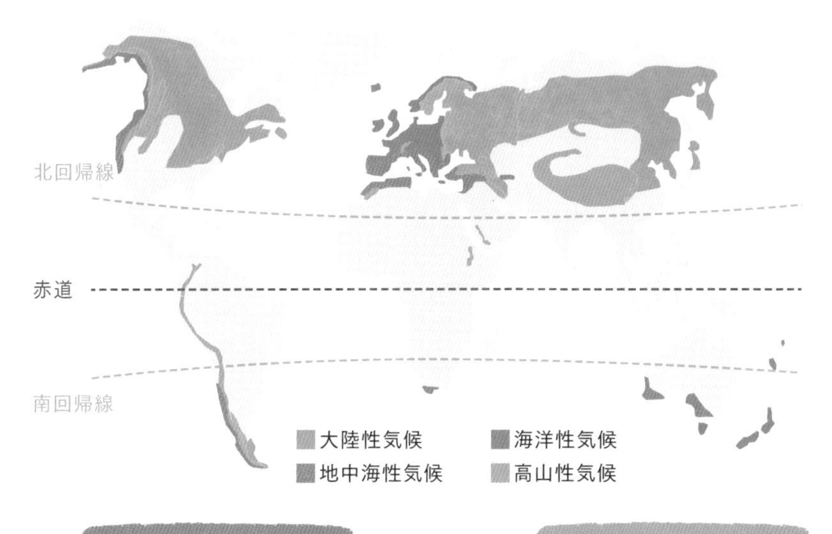


### 地中海性気候

年間を通して温暖で、乾燥している。夏は日照量が多く冬も穏やか。生育期間中は雨が少ないので病害のリスクも少ない。

### 高山性気候

標高2000mを超える場所の気候を指す。一日の気温差が大きく、冷涼な気候。山の斜面は日照量が多く、ブドウ栽培に適する。

### 同じ気候帯でも地形や標高でテロワールは変わる

同じ気候帯の同じ地域でも地形や標高はそれぞれ異なるので、もちろんワインにも個性が出る。斜面の向きや風の流れなど、ちょっとしたテロワールの違いで区画ごとに個性が出ることを「ミクロクリマ」と呼ぶ。テロワールによるミクロクリマを楽しんで、自分好みのお気に入りを見つけるのも◎。

# ワインによい 地形

**日光に当たれば当たるほどブドウの糖分は増え
ワインも濃縮した味わいになる**

**日光がよく当たる地形がベスト**

平地

斜面

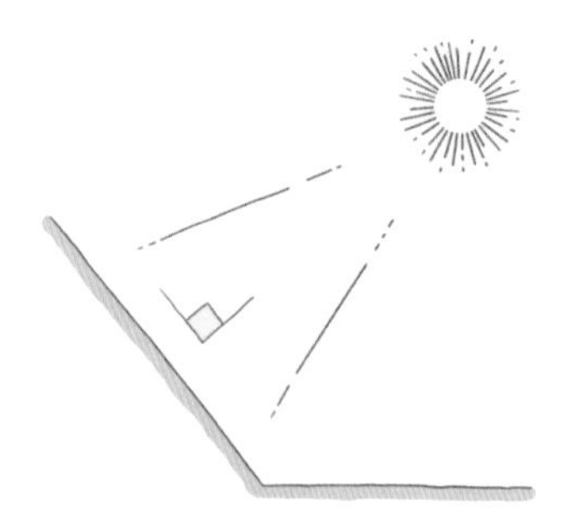

**太陽が真上から
当たらない**

**北半球では南向きの斜面なら
太陽が直角に当たる**

**斜面なら雨が降っても
地面にたまらず
水はけがよい**

**ワインのブドウの栽培地として
斜面は適している**

**赤道付近なら
太陽は真上に
上るが……**

日照量が十分当たるために平地より斜面がよい。赤道付近なら太陽は真上だが、高温すぎる。

# ワインによい 土壌

## 肥えた土壌ではよいブドウは育たない

痩せた地だと樹勢が最小限になり、よい実をつけることにエネルギーが集中するため、よいブドウができる。

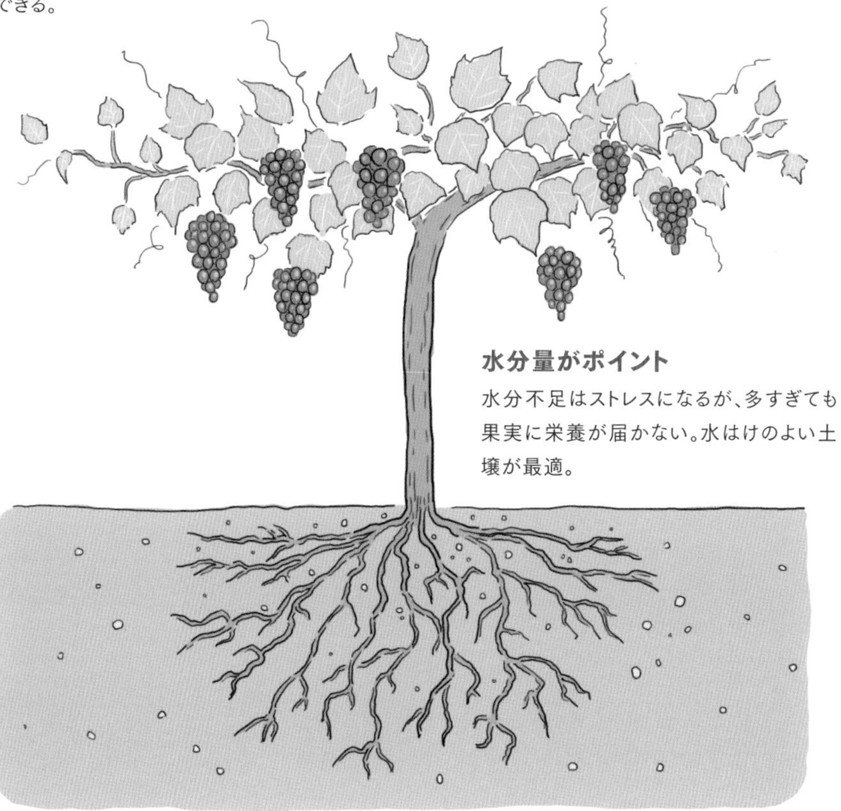

## 水分量がポイント

水分不足はストレスになるが、多すぎても果実に栄養が届かない。水はけのよい土壌が最適。

## 根を地中の深くまで張れる痩せた土壌

ブドウの木は根を深くまで張るので、根を張りやすいよう栄養分の少ない痩せた土地が◎。

## 水はけがよくなる小石まじりの土壌

小石や砂利まじりの土壌は、非常に水はけがよいため、ブドウ造りに向いている。

# ワインのヴィンテージ

ヴィンテージはラベルに書かれていることが多いよ

「ヴィンテージもの」なんて言葉から
「古く高級なワイン」というイメージをしてしまうが、
実はこれは誤った認識。
ヴィンテージを知ればワインを選ぶ基準のひとつになる。

## ヴィンテージ＝ブドウの収穫年

ヴィンテージが「99」なら1999年に収穫したブドウで造ったワインを指す。ラベルに表記されることも多いため、ワインの特徴を示すひとつの目安になる。

## 古ければおいしいわけではありません！

ワインには味のピークがあるため、古ければ古いほどおいしいとは限らない。そのピークが過ぎると味が悪くなることもある。

## オールドヴィンテージワインはなぜ高価？

オールドヴィンテージワインは長期熟成したワインのこと。元々高級なワインほど熟成に向いているうえ、長い間熟成させるには手間も時間もかかるため、高価な値がつく。

## 当たり年のワインは絶対においしい！…わけではない

できのよいブドウが収穫された年を当たり年というが、同じ年でも国や地域によって天候は異なる。そのため、当たり年が絶対おいしいとは限らない。

ヴィンテージ（Vintage）は英語

フランス語ではミレジム（Millesime）

イタリア語ではヴェンデミーア（Vendemmia）

## 早飲みのワインやシャンパーニュはヴィンテージがないこともある

軽くフレッシュな果実味が味わえる早飲みタイプや、収穫年の異なるブドウをブレンドするシャンパーニュは表記がないことも。

## ヴィンテージで飲み比べてみよう

ヴィンテージの違いを知るには、同じワインで今年のもの、去年のもの、と年数の違うボトルを用意して飲み比べるのが一番。熟成度だけでなく、各年で味わいに個性があるのがわかるだろう。

## オールドヴィンテージワインは買った当日に飲んではいけません

とても繊細なので持ち運ぶ振動だけで、本来持つ味が崩れてしまう。また色素などの澱（おり）も沈殿しているため、立てた状態で1週間～10日ほど保管するのがよい。

# ヴィンテージチャート

1989年から2017年までの各国のワインの評価を一覧に。
評価の高かった年がひと目でわかるので、ワインを選ぶ基準のひとつにしてみよう。

## フランス

★:秀逸な年　●:とてもよい年
○○○:平均的な年　○○:ややむずかしい年　○むずかしい年

| | ボルドー赤左岸 | ボルドー赤右岸 | ブルゴーニュ赤 | ブルゴーニュ白 | ローヌ北部 | ローヌ南部 | アルザス | ロワール白辛口 | シャンパーニュ |
|---|---|---|---|---|---|---|---|---|---|
| 2017 | ● | ● | ● | ★ | ★ | ● | ★ | ● | ○○ |
| 2016 | ★ | ★ | ● | ● | ● | ★ | ● | ★ | ● |
| 2015 | ★ | ★ | ★ | ○○○ | ★ | ● | ○○○ | ○○○ | ● |
| 2014 | ● | ● | ● | ★ | ○○○ | ○○○ | ○○○ | ● | ○○○ |
| 2013 | ○○ | ○○ | ○○○ | ● | ○○○ | ○○○ | ○○○ | ○○ | ● |
| 2012 | ○○○ | ● | ● | ○○○ | ● | ● | ○○○ | ○○ | ★ |
| 2011 | ○○○ | ○○○ | ○○○ | ● | ● | ○○○ | ○○○ | ○○○ | ○○ |
| 2010 | ★ | ★ | ★ | ★ | ★ | ★ | ● | ● | ○○ |
| 2009 | ★ | ★ | ★ | ○○○ | ★ | ● | ○○○ | ○○○ | ○○○ |
| 2008 | ○○○ | ● | ○○○ | ● | ○○ | ○○○ | ● | ● | ★ |
| 2007 | ○○ | ○○ | ○○ | ● | ● | ★ | ● | ○○ | ○○ |
| 2006 | ● | ○○○ | ○○○ | ○○○ | ● | ● | ○○ | ○○ | ○○○ |
| 2005 | ★ | ★ | ★ | ● | ● | ★ | ○○○ | ● | ○○○ |
| 2004 | ○○○ | ○○○ | ○○ | ● | ○○○ | ● | ○○○ | ○○○ | ○○○ |
| 2003 | ● | ○○○ | ○○○ | ○○ | ★ | ● | ○○○ | ○○○ | ○○ |
| 2002 | ○○○ | ○○○ | ● | ● | ○○ | ○ | ○○○ | ● | ● |
| 2001 | ○○○ | ● | ○○○ | ○○○ | ● | ★ | ● | ○○○ | ○○ |
| 2000 | ★ | ★ | ○○○ | ○○○ | ● | ★ | ● | ● | ● |
| 1999 | ○○○ | ○○○ | ● | ○○○ | ● | ○○○ | ○○○ | ○○○ | ○○○ |
| 1998 | ● | ★ | ○○○ | ○○ | ★ | ★ | ● | ○○○ | ● |
| 1997 | ○○ | ○○○ | ○○○ | ○○○ | ● | ○○○ | ○○○ | ○○○ | ○○○ |
| 1996 | ★ | ○○○ | ★ | ★ | ● | ○○○ | ● | ★ | ★ |
| 1995 | ● | ★ | ● | ● | ● | ● | ○○○ | ○○○ | ● |
| 1994 | ○○○ | ○○○ | ○○ | ○○ | ○○○ | ○○○ | ● | ○○○ | ○○ |
| 1993 | ○○ | ○○○ | ● | ○○ | ○○ | ○○○ | ○○○ | ○○○ | ○○ |
| 1992 | ○○ | ○○ | ○○ | ● | ○○ | ○○ | ○○○ | ○○○ | ○○ |
| 1991 | ○○○ | ○○ | ○○○ | ○○ | ● | ○○ | ○○ | ○○ | ○○○ |
| 1990 | ★ | ★ | ★ | ● | ★ | ★ | ● | ● | ★ |
| 1989 | ★ | ★ | ● | ★ | ● | ★ | ● | ● | ● |

※このヴィンテージチャートは、現地ワイン協会発行の評価などをもとに、株式会社ファインズが独自に編集・作成したものです。著作権は株式会社ファインズにあり、無断で転載・転用することを禁じます。

# イタリア・ドイツ・オーストリア・スペイン

| | イタリア | | | | | | ドイツ | オーストリア | スペイン | |
|---|---|---|---|---|---|---|---|---|---|---|
| | トスカーナ | ピエモンテ | トレンティーノ=アルト・アディジェ | フリウリ=ヴェネツィアジュリア | ヴェネト | シチリア | ラインモーゼル | オーストリア | リオハ | リベラデルドゥエロ |
| 2017 | ○○○ | ○○○ | ○○○ | ○○○ | ○○○ | ○○○ | ● | ● | ○○○ | ○○ |
| 2016 | ★ | ★ | ● | ● | ● | ● | ● | ● | ★ | ★ |
| 2015 | ○○○ | ○○○ | ● | ● | ● | ● | ● | ● | ○○○ | ● |
| 2014 | ○○ | ○○○ | ○○○ | ○○○ | ○○○ | ● | ○○ | ○○○ | ○○○ | ● |
| 2013 | ● | ● | ● | ○○○ | ● | ○○○ | ○○○ | ● | ○○○ | ○○○ |
| 2012 | ● | ● | ● | ● | ● | ● | ● | ● | ● | ● |
| 2011 | ○○○ | ● | ● | ○○○ | ○○○ | ● | ● | ● | ● | ● |
| 2010 | ★ | ★ | ● | ● | ● | ○○○ | ○○○ | ○○○ | ★ | ★ |
| 2009 | ○○○ | ○○○ | ● | ● | ● | ○○○ | ★ | ○○○ | ● | ● |
| 2008 | ● | ● | ● | ● | ● | ○○○ | ● | ○○○ | ○○○ | ○○○ |
| 2007 | ● | ★ | ● | ★ | ★ | ● | ● | ● | ○○○ | ○○○ |
| 2006 | ★ | ● | ● | ★ | ● | ● | ○○○ | ● | ○○○ | ○○○ |
| 2005 | ○○○ | ● | ○○○ | ○○○ | ● | ● | ★ | ○○○ | ● | ● |
| 2004 | ● | ★ | ● | ● | ● | ● | ● | ○○○ | ★ | ★ |
| 2003 | ● | ○○○ | ○○○ | ○○○ | ○○○ | ○○○ | ● | ○○○ | ○○○ | ○○○ |
| 2002 | ○○ | ○○○ | ○○ | ○○ | ○○ | ○○ | ● | ○○○ | ○○ | ○○ |
| 2001 | ● | ★ | ○○○ | ○○○ | ● | ○○○ | ● | ○○○ | ● | ● |
| 2000 | ○○○ | ★ | ★ | ● | ○○○ | – | ○○ | ○○○ | ○○○ | ○○○ |
| 1999 | ● | ● | ● | ● | ○○○ | – | ○○○ | ○○○ | ○○○ | ○○○ |
| 1998 | ● | ● | ○○○ | ○○○ | ○○○ | – | ● | ○○○ | ○○○ | ○○ |
| 1997 | ★ | ● | – | – | – | – | ○○○ | ★ | ○○○ | ○○ |
| 1996 | ○○ | ★ | – | – | – | – | ● | ○○○ | ○○○ | ● |
| 1995 | ○○○ | ○○○ | – | – | – | – | ○○○ | ● | ● | ● |
| 1994 | ○○○ | ○○ | – | – | – | – | ● | ○○○ | ● | ★ |
| 1993 | ○○○ | ○○○ | – | – | – | – | ● | ○○○ | ○○○ | – |
| 1992 | ○○ | ○○ | – | – | – | – | ○○○ | ○○○ | ○○○ | – |
| 1991 | ○○○ | ○○ | – | – | – | – | ○○○ | ○○○ | ○○ | – |
| 1990 | ● | ★ | – | – | – | – | ★ | – | ○○○ | – |
| 1989 | ○○ | ★ | – | – | – | – | ● | – | ● | – |

※1　トスカーナはキャンティ・クラシコ、ピエモンテはバローロ、バルバレスコ、ヴェネトはアマローネのヴィンテージ。

# アメリカ・チリ・アルゼンチン・オーストラリア・ニュージーランド・南アフリカ

| | アメリカ | | | | オーストラリア | ニュージーランド | アルゼンチン | チリ | 南アフリカ |
|---|---|---|---|---|---|---|---|---|---|
| | カリフォルニア 赤 | カリフォルニア 白 | ワシントン | オレゴン | バロッサ/マクラーレン | マールボロ | アルゼンチン | チリ | 南アフリカ |
| 2017 | ○○○ | ● | ● | ● | ○○○ | ○○ | ● | ○○○ | ● |
| 2016 | ● | ● | ○○○ | ★ | ● | ○○○ | ○○○ | ○○○ | ○○○ |
| 2015 | ● | ● | ○○○ | ★ | ● | ○○○ | ○○○ | ● | ● |
| 2014 | ● | ● | ● | ● | ○○○ | ● | ○○○ | ○○○ | ○○○ |
| 2013 | ★ | ★ | ○○○ | ○○○ | ● | ● | ● | ● | ● |
| 2012 | ★ | ● | ★ | ● | ● | ○○○ | ○○○ | ○○○ | ● |
| 2011 | ○○ | ○○○ | ○○○ | ○○○ | ○○ | ○○○ | ● | ● | ○○○ |
| 2010 | ● | ● | ● | ● | ★ | ● | ● | ○○○ | ○○○ |
| 2009 | ● | ● | ● | ○○○ | ○○○ | ○○ | ○○○ | ○○○ | ● |
| 2008 | ○○○ | ○○○ | ● | ★ | ○○○ | ○○ | ○○○ | ○○○ | ○○○ |
| 2007 | ● | ● | ● | ○○○ | ○○○ | ● | ○○○ | ● | ○○○ |
| 2006 | ○○○ | ○○○ | ● | ● | ○○○ | ○○○ | ● | ○○○ | ● |
| 2005 | ○○○ | ○○○ | ● | ○○○ | ★ | ○○○ | ● | ● | ● |
| 2004 | ● | ● | ● | ● | ● | – | – | – | – |
| 2003 | ● | ○○○ | ● | ○○○ | ● | – | – | – | – |
| 2002 | ● | ● | ○○○ | ● | ● | – | – | – | – |
| 2001 | ● | ● | ● | ○○○ | ● | – | – | – | – |
| 2000 | ○○○ | ● | ○○○ | ○○○ | ○○○ | – | – | – | – |
| 1999 | ● | ○○○ | ○○○ | ● | ○○○ | – | – | – | – |
| 1998 | ○○○ | ○○○ | ● | ● | ● | – | – | – | – |
| 1997 | ● | ● | ○○○ | ○○○ | ○○○ | – | – | – | – |
| 1996 | ○○○ | ○○○ | ○○○ | ○○○ | ● | – | – | – | – |
| 1995 | ○○○ | ● | ○○○ | ○○ | ○○○ | – | – | – | – |
| 1994 | ● | ○○○ | ● | ● | ● | – | – | – | – |
| 1993 | ● | ● | ○○○ | ○○○ | ○○○ | – | – | – | – |
| 1992 | ● | ● | ● | ○○○ | ○○○ | – | – | – | – |
| 1991 | ● | ○○○ | ○○○ | ○○○ | ○○○ | – | – | – | – |
| 1990 | ● | ● | ○○○ | ○○○ | ○○○ | – | – | – | – |
| 1989 | ○○○ | ○○○ | ● | ○○○ | ○○○ | – | – | – | – |

# ワインの味わい

ワインについて知識が深まったら、もっとワインをしっかり味わいたいと思う人も多いだろう。テイスティングとはなんなのか、テイスティングの仕方や用語を学んで自分の言葉でワインを表現してみよう。

# ワインをテイスティングする

ワインの状態をチェックし、どのようなワインなのかを見極める。
味わいだけでなく、色調や粘度、香りなどから
ワインの特徴や個性を確認する。

グラスの脚部を持ち、目の高さに上げる。光源にかざして、ワインの清澄度や濃淡を透かして見る。

2

白い布や紙の上でワインの表面がだ円形になるようグラスを傾け、上から観察する。

Step 

## 外観を観察する

外観を観察するときは、色や濃淡、輝き、粘度、澄んでいるか濁っているかなどを見る。視覚はそのワインの第一印象であり、そこから得た情報は、テイスティングの軸となる。

## *Step* 2 香りをかぐ

まずは静かに鼻にグラスを近づけ１秒ほど第一アロマをとり、第一印象を捉える。次にグラスを回してワインに空気を含ませさらに香りを引き出し、３～４秒ほど時間をかけて細かく第二アロマをとる。

### アロマとブーケ

アロマはブドウ本来の香り、発酵中に生じる果実の香りのこと。ブーケは熟成による熟成香のことで、第三アロマとも呼ばれる。

### スワーリングのやり方

グラスの中のワインを回し、空気に触れる面積を増やして酸化を進め、より香りを引き出す。目安としては２～３回ふんわりと回す。右利きなら反時計回り、左利きなら時計回りが回しやすい。

**利き腕の方向に**
**回すように**
**すれば**
**失敗しないよ！**

Step 3

## 味を見る

ワインを口に含んで味をみる。口に入れるワインの量は約 15ml を目安に、自分が味わいを感じやすい量に調整する。甘味や酸味のほか、アルコール感やバランスなどもチェックする。

**1**

**ワインを少し口に含み、よく噛むようにして、口の中全体で転がすようにして味わう。**

**2**

**口に含んだまま、口から空気を吸い鼻から吐き口中香を見る。ワインを吐き出した後の香りと味の余韻の長さを見る。**

# ワインの味わいで見るべきところ

**アタック**

「みずみずしい」、「柔らかい」など、口に入れたときに最初に感じる第一印象のこと。アタックの度合は強弱で表す。

**第一印象と強弱を見る**

**味わい**

甘味、酸味、渋味、苦味のバランスをみる。渋味と苦味は舌ざわりに影響するため、テクスチャーの確認も重要。

**味のバランスやテクスチャーを見る**

**口中香**

ワインを口に含んだときに喉の奥から鼻に抜ける香りのこと。

**香りの要素や強弱を見る**

**アフター（余韻）**

ワインが口からなくなった後に口内に残る風味のこと。余韻の強さや長さがどのぐらい持続するかを計って比較する。

**余韻の強弱や長短を見る**

# ワインの外観

**一見同じように見えるが、よく観察すれば色合いなどまるで異なる。
品種、産地、製造方法や熟成度合いなど、
多くの情報を外観から得ることができる。**

## 濃淡

濃淡から熟成度をみる。白ワインは熟成によって酸化が進むほど色が濃くなる。赤ワインは色素成分がもともと多いため最初は色が濃いが、熟成によって酸化が進み淡いオレンジからレンガ色になる。

## 清澄度

澄んでいるか濁っているかを観察する。基本的に健全なワインは澄んで透明感がある。色や香りなど味わいを残すため濾過を行わないこともあるが、その場合清澄度は下がる。

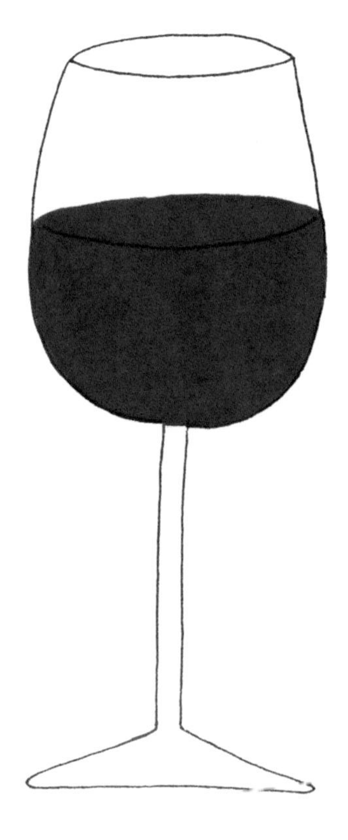

## 輝き

飲み頃のワインは輝きがあるが、飲み頃を過ぎると輝きは減少する。しかし、品種や醸造スタイルにより輝きが少ない場合もあるので、テイスティングの際には注意が必要。

## 色

若い白ワインは果実由来の色みで透明に近いグリーン色だが、熟成により黄色や褐色に近い色に。若い赤ワインは色素由来の青紫だが、熟成によりオレンジや茶色が強くなる。

## ワインの色にまつわるヒント

### 赤ワイン編

**ヒント❶**

色の濃いワインほど
渋みの元であるタンニンが多い

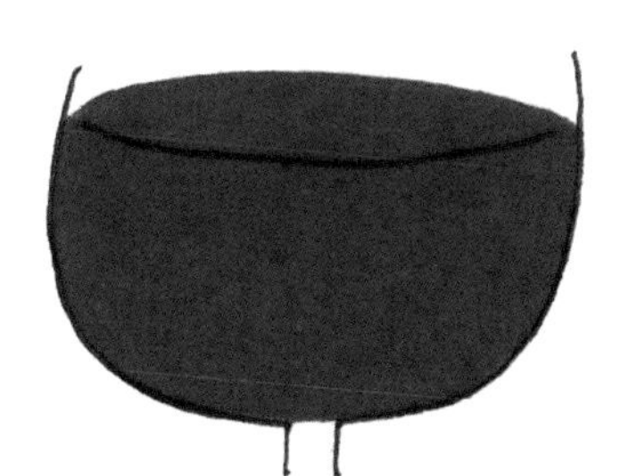

**ヒント❷**

ワインの透明度は
ブドウの品種や熟成で変わってくる

カベルネ・ソーヴィニヨンや
シラーは若いときからもやがかかる

ピノ・ノワールは熟成しても
透明感が失われない

**ヒント❸**

熟成してくると
赤ワインの色は
オレンジがかってくる

### 白ワイン編

**ヒント❷**

淡く緑がかったものはフレッシュ。
黄色みが強く、黄金色のものほど
ボリューム感がある

**ヒント❶**

黄色の色味が濃ければ
濃いほどボディ感は
強くなる

**淡く緑がかった黄色**
ブドウポリフェノールの色味が残っている状態。若いワインに多い。

**淡く茶色がかった黄色**
熟成が進んだ状態。酸味が控えめで甘口。貴腐ワインなど。

# 赤ワインの外観

## 産地による違い

【赤い紫】 ←→

アントシアニンの色味があまりない穏やかな赤色。冷涼な産地で造られ、繊細な味わいが多い。

青味が薄れ赤味が増した紫色でルビー色とも呼ばれる。果実味を感じるワインが多い。

黒味の濃い赤色は濃厚で渋味の強い味わい。日照量の多く暖かい産地のブドウが多い。

## 熟成による変化

【赤紫】 ←→ 【レンガ色】

熟成をあまり感じられず若々しい印象を持つ。ブルゴーニュ品種のピノ・ノワールなど。

ほどよく熟成が進み、飲み頃を迎えたときに現れることの多い色味。

熟成が進んだと判断できる赤茶色を帯びた状態。オレンジから茶色のトーンになる。

# 白ワインの外観

### 産地による違い

**薄緑** ←→ **黄**

緑色が全体にかかった状態。冷涼な土地で造られたブドウに多い。

緑がまだ少し残っている淡い黄色。やや温暖な土地で育ったワインにみられる色味。

緑の色味がなくはっきりとした黄色。温暖な産地の完熟した糖度の高いブドウに多い。

### 熟成による変化

**薄緑** ←→ **琥珀**

透明に近く緑がかった色味。熟成が進んでいない若いワイン。早飲みタイプに多い。

鮮やかな金色で、緑の色味がなくなった状態。樽熟成で醸造されたワインに多くみられる。

色味が濃くなり、かなり熟成が進んだ状態。貴腐ワインなど熟成期間の長い甘口に多い。

# ワインの香り

**ソムリエのような言葉で表現するのはむずかしく感じるが、香りの要素を理解し、自分が今までかいだことのある香りに置き換えて話せば、自分らしく表現できる。**

### ブドウ品種の香り

第一アロマはブドウ本来の香り。白ワインはフルーツ、植物、スパイスの香りが、赤ワインはフルーティーさや、濃縮感のある香りが感じられる。

### 醸造や発酵の香り

第二アロマは発酵・醸造による香り。醸造方法によって現れる香りが異なるため、醸造方法、その方法を使う品種を予測できる。

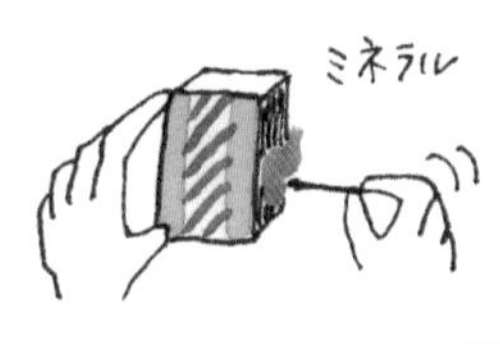


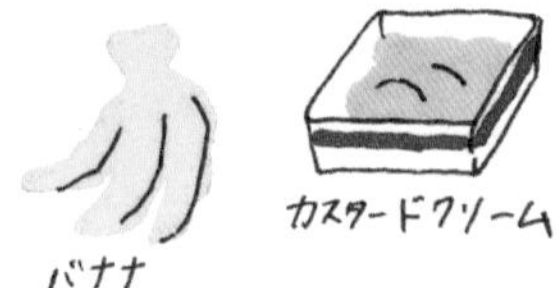


### 熟成の香り

第三アロマは樽熟成、瓶熟成による香り。皮製品やバター、チョコレート、ローストしたような香りが現れる。ブーケとも呼ばれる。

# ワインの香り分類

ワインによって香りの要素に違いがある。香りのイメージを知り、
自分の言葉で表現できるようになろう。

### フルーツ

ラズベリーなどのベリー系やさくらんぼなどの赤い果物は赤ワインに、ライムやレモンなどの柑橘系は白ワインに多い。

### 花

赤いバラやスミレは赤ワインに、アカシアやユリなどの白や黄色の花は白ワインに感じられる。

### 植物・野菜・ハーブ

爽やかな青っぽい草の香りや若葉の香りは赤、白ともにある。冷涼な産地のワインは、ピーマンなどの香りもある。

### スパイス

黒胡椒のスパイシーさやクローブの香りは赤ワインに、白胡椒の香りは白ワインにみられる。

### ナッツ

赤ワイン、白ワインともに熟成によって生じる。アーモンドやクルミ、ヘーゼルナッツなどの香りがある。

### ロースト系

樽熟成することにより現れることの多い香り。アーモンドやカカオ豆のロースト香、チョコレートの香りなどがある。

### 乳製品

ヨーグルトやバターなどの香りは、アルコール発酵やマロラクティック発酵での微生物の働きにより現れる。

### 土壌

落葉と日陰の土が混ざったスーボアと呼ばれる香りは熟成のイメージに使われる。さらに進んだ香りとして腐葉土がある。

### 動物

なめし革は熟成が進んだ動物的なイメージの赤ワインに、猫の尿は独特な香りの白ワインのイメージに使われる。

### 化学物質・その他

酢酸や瞬間接着剤のような酢酸エチル、馬小屋のようなフェノールの香りはネガティブなイメージに使われる。

# 赤ワインの香り

赤ワインの香りを表現する際に使う、
香りの要素一覧。

## フルーツ

### [赤いベリー]

いちご

スグリ

ラズベリー

### [黒いベリー]

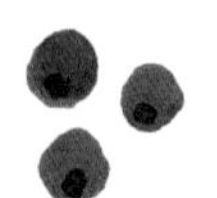
ブルーベリー

ブラックベリー

カシス

### [赤い果実]

さくらんぼ

プラム

アメリカンチェリー

ザクロ

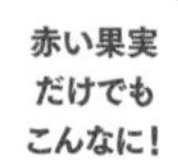

### [その他フルーツ]

干しブドウ

プルーン

乾燥イチヂク

果物のコンポート

ジャム

## 花

赤いバラ

牡丹

スミレ

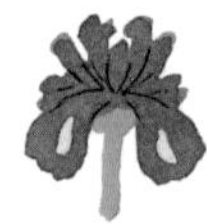
アイリス

## 植物・野菜・ハーブ

シダ

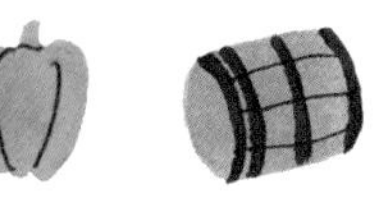
ピーマン
オーク

樹脂

マッシュルーム

干し草

## スパイス

バニラ

クミン

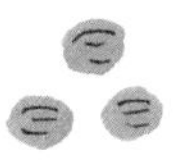
ナツメグ

シナモン

黒胡椒

## ナッツ

クルミ

アーモンド

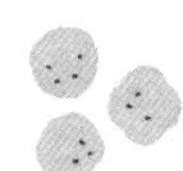
ヘーゼルナッツ

## ロースト系

トースト

モカ

コーヒー

チョコレート

カカオ

カラメル

## 微生物

ヨーグルト

チーズ

カビ

## 動物

なめし革

ぬれた犬

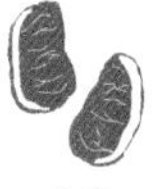
生肉

## 土壌

腐葉土

## 化学物質・その他

鉄

化学物質は
ネガティブな
表現だよ！

# 白ワインの香り

白ワインの香りを表現するする際に使う、
香りの要素一覧。

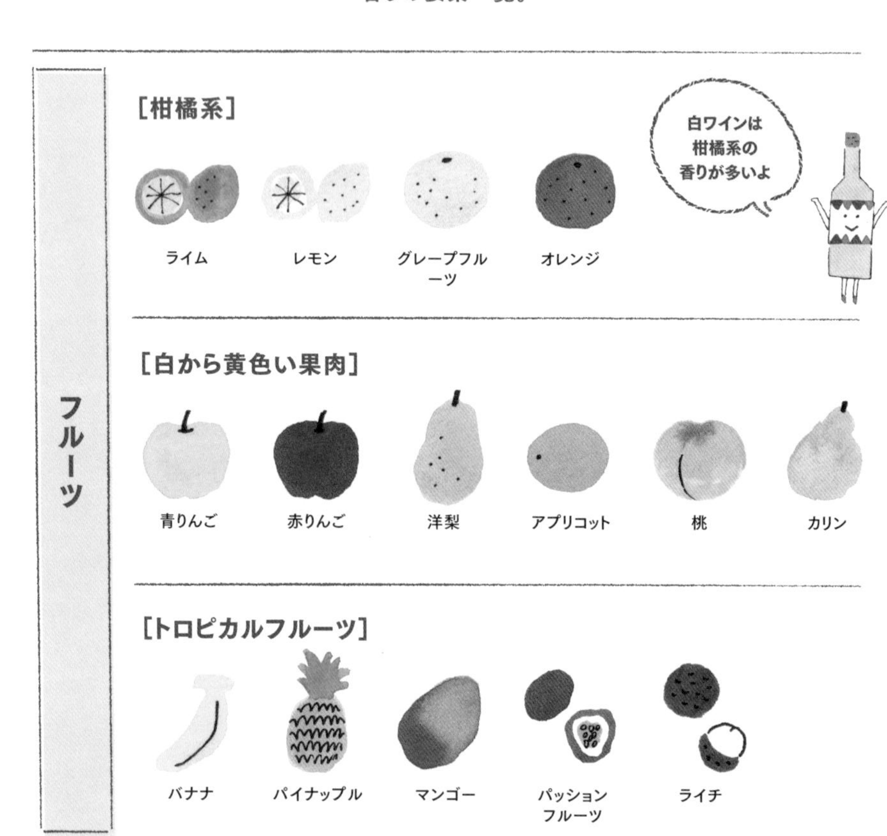

アカシア

カスミソウ

スイカズラ

ジャスミン

ユリ

**植物・野菜・ハーブ**

若葉

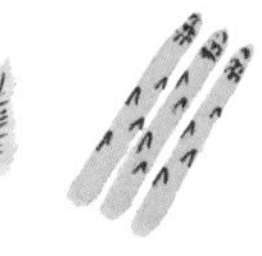
シダ
アスパラガス
バジル

ローズマリー

レモングラス

**スパイス**

リコリス
クミン

白胡椒

杏仁

**ナッツ**

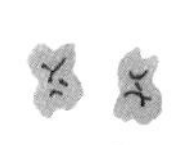
くるみ

ヘーゼルナッツ

アーモンド

**ロースト系**

スモーク

樽を焦がす

トースト

ローストアーモンド

カラメル

綿菓子

**微生物**

ヨーグルト

カビ

**動物**

猫の尿

ムスク

**土壌**

干し草

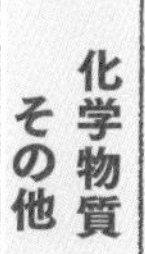
**化学物質・その他**

火打ち石

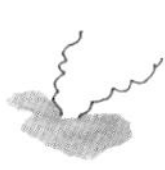
硫黄

はちみつ

バター

# 赤ワインのブドウの香り

**酸味が強くフレッシュな赤系果実と、**
**凝縮感が強く濃厚な黒系果実に大きく分類できる。**
**第三アロマにスパイシーな香りや動物的な香りを持つワインが多い。**

## カベルネ・ソーヴィニヨン
Cabernet Sauvignon

清涼感のある植物の香りと、カシスやブラックベリーなどの黒系果実の凝縮感のある香りが特徴。骨太でパワフルな味とのバランスがよい。

## メルロー
Merlot

ブラックベリーなど黒系果実の豊満な香り。産地により香りが変わり、温暖な気候ではベリージャム、冷涼な気候では小さな赤い果実を感じさせる。

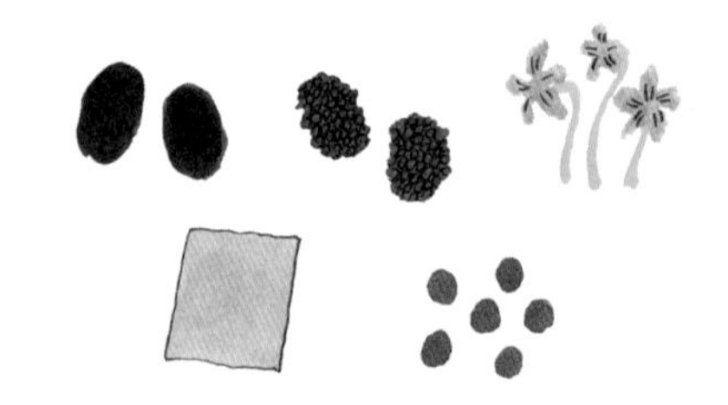

## ピノ・ノワール
Pinot Noir

赤系果実のチャーミングでフルーティーな香りが特徴。何年も熟成することでなめし革のような熟成香が現れ、複雑でより魅力的な香りに。

## グルナッシュ
Grenache

プルーンなどの果実や、スパイス、カカオなどの甘く華やかな香り。熟成することでコーヒーのような、深みのある香りが加わる。

# 白ワインのブドウの香り

**スッキリとした香りが白ワインの特徴。**
**柑橘類、白や黄色の果物、トロピカルフルーツの香りが中心。**
**青々しい植物、ミネラル、スパイスの香りも感じられる。**

## シャルドネ
Chardonnay

個性が控えめで特徴が掴みにくい。育った環境を反映しやすく、冷涼地では柑橘系のスッキリとした香り、温暖な地ではバターのような香りに。

## ソーヴィニヨン・ブラン
Sauvignon Blanc

柑橘類と若草などのフレッシュで清々しい香り。造り手の腕により、スモークのローストされた香り、火打石のミネラルの香りが開くこともある。

## リースリング
Riesling

辛口から甘口まで味わいが幅広く、香りもそれに対応して多様。ふんわりとした甘い香りと引き締まったミネラルの香りは全体に共通している。

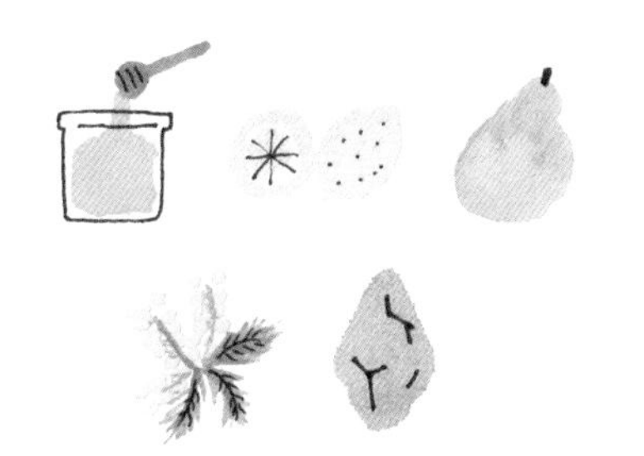

## ピノ・グリ
Pinot Gris

赤ワインのような重厚なボディを持つピノ・グリは、熟したトロピカルフルーツのような芳醇な甘い香りとその中にあるスモーキーさが特徴。

# ワインの味わい

**甘味・酸味・苦味・渋味のバランスを考えて味わうことが大切。
また、アタック、口の中に広がったときの味わい、
アフターがどう変化していくかもポイント。**

## アタック

### 最初の印象で香りの大枠を掴む

アタックははじめのひと口で感じる印象のこと。ひと口目はアルコールの刺激を感じやすいが、それも踏まえて口に入ったときの感覚を捉える。「いきいきとした」、「落ち着いた」、「ねっとりとした」のような言葉で表現する。

## 甘味

### 甘味と酸味のバランスを上手く捉える

ワインの甘味はブドウ糖や果糖などの糖類による。アルコール発酵の過程で、ワインの中に糖分が残れば甘口、アルコールに変換されれば辛口となる。甘味と酸味は相対関係にあるため、甘味が強いほど酸味は弱く感じる。

## 酸味

### 酸の種類によって味わいが変わる

ワインの酸味はリンゴ酸、乳酸、酒石酸などの有機酸による。シャープな印象を受ける場合はリンゴ酸が、柔らかい印象を感じる場合は乳酸が含まれている。酸味は甘味と相対関係にあるだけでなく、渋味や苦味を強調する働きがある。酸味の強いワインは冷涼産地のほうが多い。

## 苦味

### 土壌や熟成方法が起因してワインの苦味に

ワインで感じる苦味は、含まれているミネラルが味として現れたもの。石灰質や鉱物を多く含んだ土壌で作られたブドウ品種や、樽で熟成した場合のローストが苦味に起因している。熟成や土壌に起因していない場合、不健全なワインのことも。

Taste 5

## 渋味

### 熟成の進んだ赤ワインは渋味が減る傾向

赤ワインの渋味は、ブドウの果皮や種子に含まれるタンニンによる。渋味は品種、醸造方法、ヴィンテージによって度合いが異なり、熟成された赤ワインほどタンニンが酸化され、角の取れた丸みのある味わいになる。酸味は渋味を強調するため、酸味が強いと渋味を強く感じることも多い。

Taste 6

## フレーバー

### 味わいを支えるフレーバー

フレーバーとは口の中に広がる香りのこと。鼻から嗅ぐ香りとは異なり、喉から鼻に抜けていく香りをさす。舌で味を感じるのと同時に鼻腔で香りを感じ、これも含めて味わいとして認識される。風邪などで鼻がきかないと味がわからないのはこの香りがないからともいえる。

Taste 7

## ボディ

### アルコール、タンニンの量がボディ感を決める

ワインの味わいの厚みやボリューム感のこと。アルコール感、タンニンの量でボディを測る。ボリューム感が大きければフルボディ、小さければライトボディと呼ばれる。

Taste 8

## 余韻

### 余韻はテイスティングを裏付ける最後の要因

ワインが口内からなくなった後の余韻のこと。一般的に高品質のワインほど余韻が長いとされる。シンプルな味わいほど余韻は短く、酸が強いと余韻は長くなる。

# 赤ワインの味のバランス

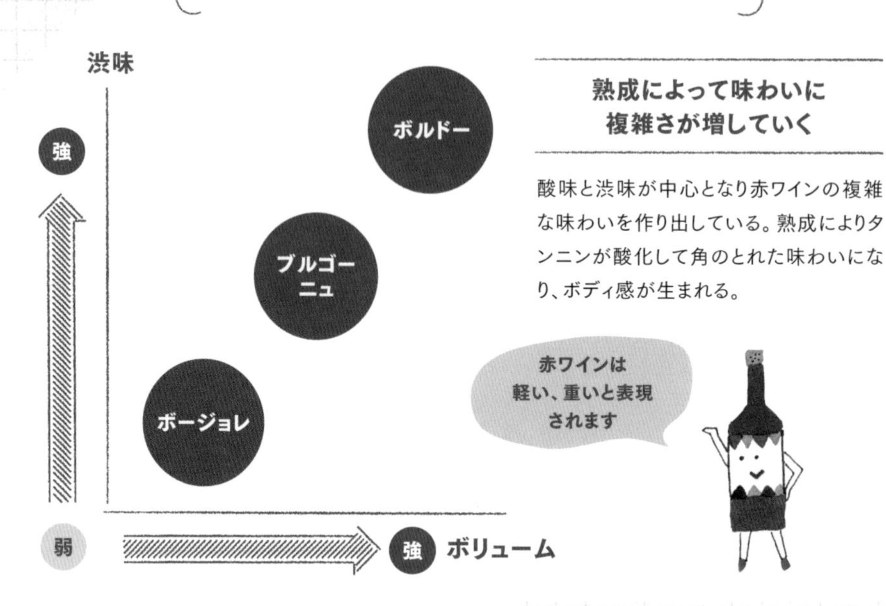


### 熟成によって味わいに複雑さが増していく

酸味と渋味が中心となり赤ワインの複雑な味わいを作り出している。熟成によりタンニンが酸化して角のとれた味わいになり、ボディ感が生まれる。

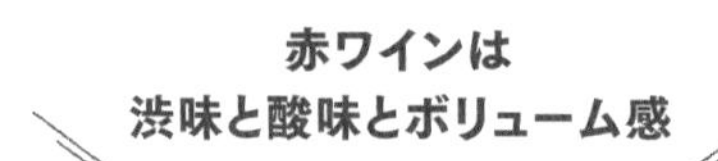


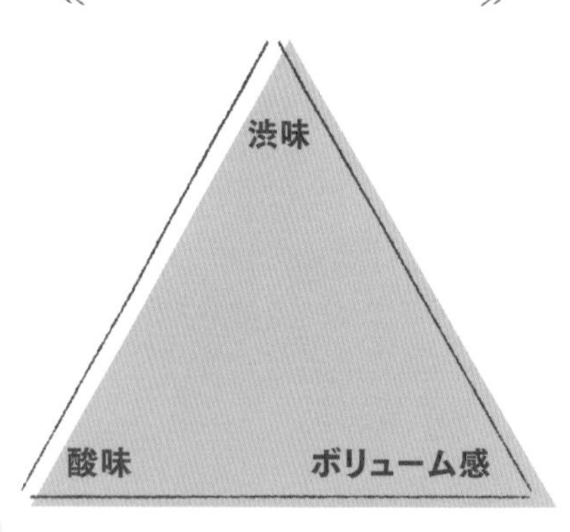


赤ワインはアルコールと渋味によってボディ感が変わり、強く感じるほどボディ感も厚くなる。酸味は比較的穏やか。

### ボディ感は大切！

**ライトボディ**
渋味、酸味が穏やかなワイン。フルーティーで初心者も飲みやすい。

**ミディアムボディ**
渋味が強すぎず、コクやボリュームが中程度の料理にも合わせやすいワイン。

**フルボディ**
アルコールやタンニンが豊富でふくよかさを感じることのできるワイン。

# 白ワインの味のバランス

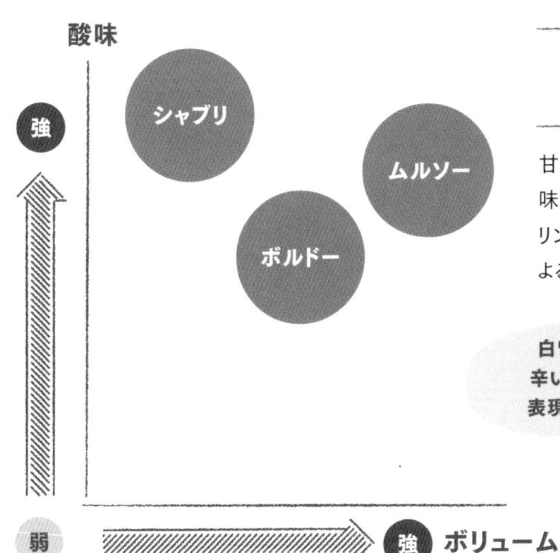


### 酸の種類によって酸味のバランスが変わる

甘味と酸味が味の中心であり、渋味と酸味は比較的少ない。酸味には酒石酸やリンゴ酸によるシャープな酸味と、乳酸による柔らかな酸味がある。

### 白ワインは酸味と甘味とボリューム感

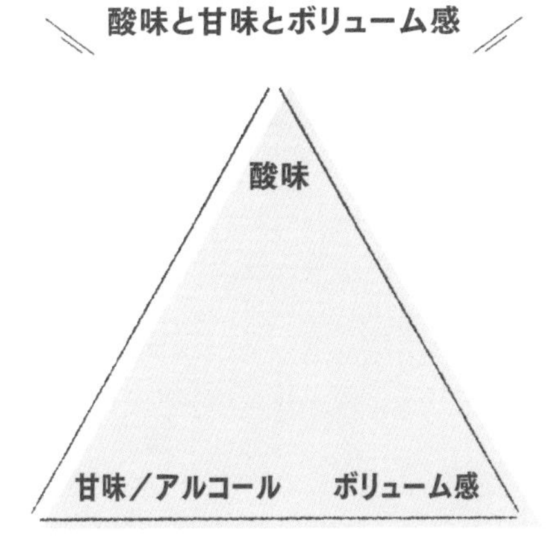


酸味を中心にアルコールと甘味によってボディ感に厚みが生まれる。熟成したワインは酸味がおだやかになりボディ感が増す。

### 甘口、辛口と表現

**辛口** ブドウの糖度がアルコールに変換され、引き締まった味わいのワイン。

**中辛口** 辛口ほど酸味が強くないが、甘味をほのかに感じる程度の酸味。

**中甘口** 糖度は残っているが、酸味のほどよいバランスの甘さ。

**甘口** ワインの中にブドウの糖分が残っているため糖度が高く、甘く感じる。

知ってきたい

# テイスティング用語

テイスティングをしたときに
状態を表す的確な言葉を知れば
どんなワインなのかを表現しやすくなる！

## 外観

濃淡、色調、粘性、清澄度を観察して情報をまとめる際に使える。「輝きのある」、「緑がかった」などの言葉で表現する。

### 清澄度

澄んだ、澄みきった、透明感のある、かすかに濁った、濁った、不透明な、澱（おり）がある、浮遊物がある など

### 輝き

輝きのある、光沢のある、落ちついている、くすみのあるもやがかかった など

### 色調

[赤]
スミレ色、青紫色、ルビー色、黒みを帯びた、オレンジがかった、レンガ色、赤褐色、褐色 など

[白]
緑がかった、淡い黄色、レモン色、黄色、濃い黄色、黄金色、黄褐色、麦わら色、琥珀色、褐色の など

### 粘性

強い、粘りのある、ディスクに厚みがある、やや強い、滑らか、弱い、さらっとした、水のような など

### 印象

若々しい、濃厚な、熟した、よく熟した、酸化熟成のニュアンス、濃縮感のある、完全に酸化した など

## 香り

香りの第一印象や性質、余韻を表す言葉。フルーツの香りなど感じるイメージを付け加えて詳しく表していく。

### 第一印象

閉じている、開いている、弱い、強い、いきいきとした、穏やかな など

### 性質

第1アロマの強い、木樽からのニュアンス など

### 余韻

短い、やや短い、やや長い、長い など

## 味わい

ボディ感や酸の強さなどを「パワフル」、「引き締まった」、「はつらつとした」などの言葉で表現していく。

### アタック

フレッシュ感のある、柔和な、繊細な、みずみずしい、滑らかな、荒々しい、ねっとりした、インパクトのある、パワフルな など

### 甘味

弱い甘味、ほのかな甘み、まろやかな甘味、豊かな甘味、残糖がある など

### 酸味

フレッシュな、鋭い、引き締まった、いきいきとした、はつらつとした、シャープな、きめ細かい、柔らかな など

### 苦味（白のみ）

控えめな、弱い、穏やかな、旨みのある、強い など

### 渋味（赤のみ）

サラサラとした、細やかな、シルキーな、角の取れた、荒い、ざらついた、刺すような、力強い など

### バランス

ドライな、スリムな、フラットな、ねっとりとした、厚みのある、肉厚な、骨格のしっかりとした、バランスの突出した など

### アルコール

軽い、やや軽め、中程度、やや強め、大きい、強い、ボリュームのある、パワフル、熱さを感じさせる、コクのある など

### 余韻

短め、やや短い、やや長い、長い、エレガントな、ゆったりとした、のびやかな、繊細な、おおらかな など

# テイスティングシート

月　日

| ワインの名前 | | |
|---|---|---|
| 年度 | 度数 | 購入場所 |

| | | | |
|---|---|---|---|
| 外観 | [濃淡] | 淡い・中くらい・濃い | メモ |
| | [白] | 緑がかった・黄金色<br>レモンイエロー・イエロー | |
| | [赤] | 紫がかった・黒みを帯びた<br>オレンジがかった・ルビー<br>ガーネット | |
| 香り | [強弱] | 淡い・中くらい・濃い | メモ |
| | [要素] | | |
| 味わい | [アタック] | 軽い・中くらい・強い | メモ |
| | [甘辛] | 辛口・中辛口・中甘口・甘口 | |
| | [酸味] | 控えめ・中くらい・強め | |
| | [渋み] | 控えめ・中くらい・強め | |
| | [アルコール] | 弱い・中くらい・強い | |
| | [ボディ] | ライト・ミディアム・フル | |
| | [余韻] | 短い・中くらい・長い | |

メモ

# テイスティングシート

月　日

ワインの名前

年度　度数　購入場所

| | | | |
|---|---|---|---|
| 外観 | [濃淡] | 淡い・中くらい・濃い | メモ |
| | [白] | 緑がかった・黄金色<br>レモンイエロー・イエロー | |
| | [赤] | 紫がかった・黒みを帯びた<br>オレンジがかった・ルビー<br>ガーネット | |
| 香り | [強弱] | 淡い・中くらい・濃い | メモ |
| | [要素] | | |
| 味わい | [アタック] | 軽い・中くらい・強い | メモ |
| | [甘辛] | 辛口・中辛口・中甘口・甘口 | |
| | [酸味] | 控えめ・中くらい・強め | |
| | [渋み] | 控えめ・中くらい・強め | |
| | [アルコール] | 弱い・中くらい・強い | |
| | [ボディ] | ライト・ミディアム・フル | |
| | [余韻] | 短い・中くらい・長い | |

メモ

# パーカー・ポイント

## 市場価格に大きな影響を与える世界有数のワイン評価

ロバート・パーカーはワイン専門誌『The Wine Advocate』の創刊者であり、ワインの評価法「パーカー・ポイント」を提唱した。評価されること自体に価値があるため、選ばれた段階で基礎点50点、そこに色や外見など全体の質によって残り50点が加わり点数が決まる。

【評価基準】

| 点数 | 評価 |
|---|---|
| 100～96 | Extraordinary（格別） |
| 95～90 | Outstanding（傑出） |
| 89～80 | Above Average to Excellent（かろうじて並以上から優良） |
| 79～70 | Average（並） |
| 69～60 | Below Average（並以下） |

# ワインの生産地

ブドウの栽培は、フランスなどのヨーロッパをはじめ世界各地で行われている。その土地によって気候や土壌など、ブドウを育てる環境はさまざまで、その違いがワインの個性にも表れる。生産地ごとの特徴を知ろう。

# フランスのワイン

**ワイン好きならフランスを抜きには語れない。
いろいろなワインを飲んだ人が最後に戻ってくることも多く、
まさにワインはフランスに始まりフランスで終わる。**

フランスのワインは「ワイン法」でしっかり守られている！

## A.O.C.とA.O.P.

厳格なワイン法があり、A.O.C.（原産地呼称）が最上級。2009年に改定されたが、A.O.C.の旧区分の表記を継続して使っているところも多い。

### 旧区分

**A.O.C.**
Appellation d'Origine Contrôlée
**原産地統制名称**

「原産地」を名乗ることができる最上級の上質ワイン。厳しい規定がある。

**A.O.V.D.Q.S.**
Appellation d'Origine
Vin Délimité de Qualité Supérieure
**原産地名称上位指定**

上から2番めに格付けされており、法律で定められる地域で生産されたもの。

**Vin de Pays**
**地酒**

ヴァン・ドゥ・ターブル（テーブルワイン）の中で上級なワインを指す。

**Vin de Table**
**テーブルワイン**

テーブルワインといわれる、日常的に飲むポピュラーなワイン。

↑ **地理的表示付きワイン** 

### 新区分

**A.O.P.**
Appellation d'Origine Protégée
**原産地呼称保護**

ヒエラルキーのトップ。特定の産地で生産される上級ワインを指し、法律によって醸造所、使用品種などが決められている。厳しい規定をクリアした高品質のワインがそろう。

**I.G.P**
Indication Géographique Protégée
**地理的表示保護**

上から2番めに分類され、従来の「ヴァン・ド・ペイ」に当たる格付け。生産地域や使用品種、最低度数などが定められているが、A.O.Pより規定は緩やか。

**Vin de Table**
**地理的表示のないワイン**

気軽なテーブルワイン。生産地域の表示はなくてよい。

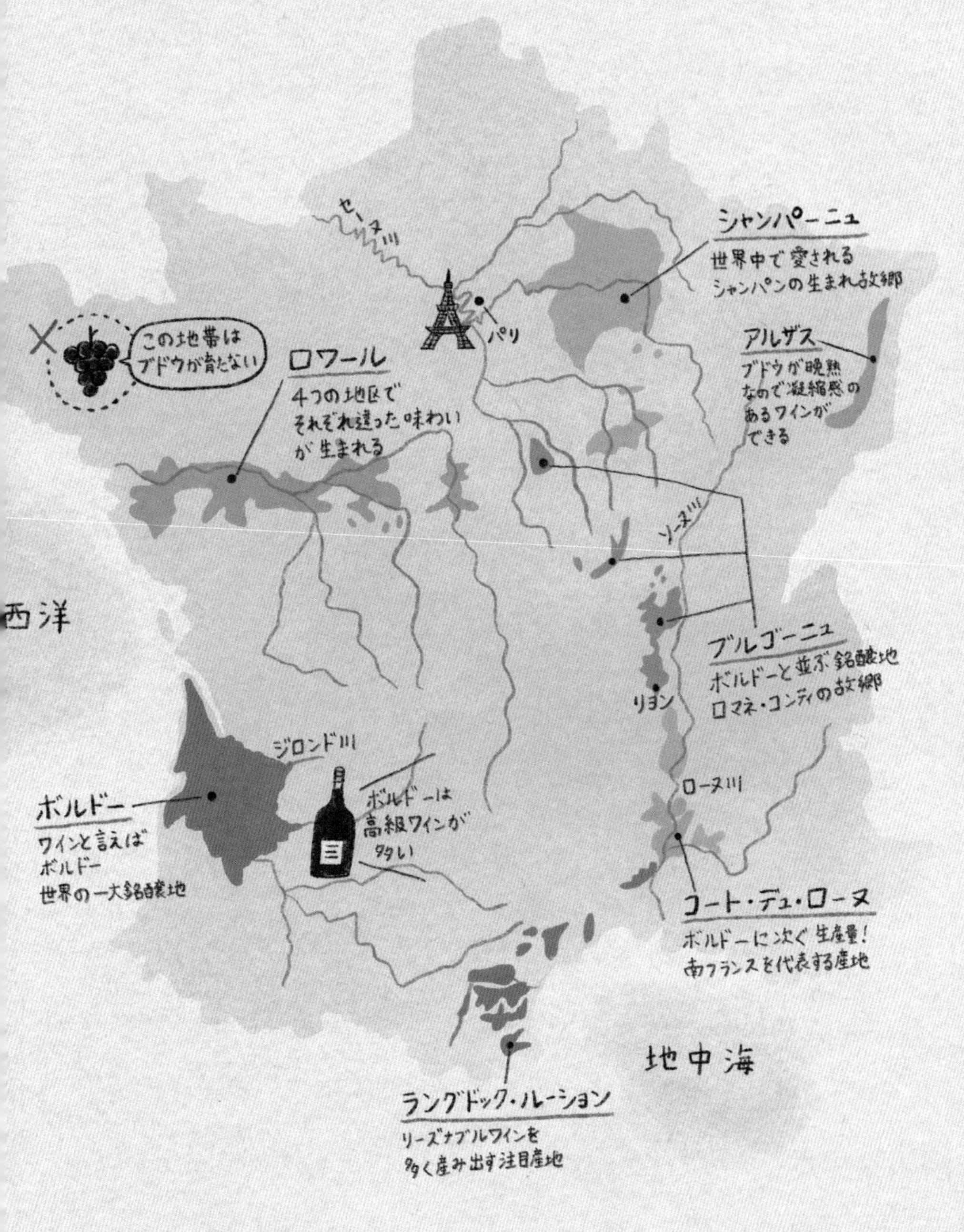
FRANCE
ーフランスー
セーヌ川
パリ
この地帯は
ブドウが育たない
ロワール
4つの地区で
それぞれ違った味わい
が生まれる
シャンパーニュ
世界中で愛される
シャンパンの生まれ故郷
アルザス
ブドウが晩熟
なので凝縮感の
あるワインが
できる
ソーヌ川
西洋
ブルゴーニュ
ボルドーと並ぶ銘醸地
ロマネ・コンティの故郷
リヨン
ジロンド川
ボルドー
ワインと言えば
ボルドー
世界の一大銘醸地
ボルドーは
高級ワインが
多い
ローヌ川
コート・デュ・ローヌ
ボルドーに次ぐ生産量!
南フランスを代表する産地
地中海
ラングドック・ルーション
リーズナブルワインを
多く産み出す注目産地

# ボルドーのワイン

**フランス南西部に位置し、濃厚でしっかりした
味わいが特徴のボルドーワイン。
赤ワインの生産が中心で、ワイン初心者にとって
わかりやすく入り口となるワインが多い。**

### 特徴

全体の95％以上がA.O.C.(A.O.P.)ワイン。イギリスとの貿易で発展した産地なので、イギリス人の好みに合わせた輸出向けのワインの生産が多い。

### ブドウ品種

【赤】■カベルネ・ソーヴィニヨン
■メルロー
■カベルネ・フラン

【白】■セミヨン
■ミュスカデル

## ボルドーの格付け

一部の地区でシャトーに独自の格付けを定めている。メドックやソーテルヌでは、1855年の制定以来1973年に一度しか変えておらず、現在も伝統的な等級が守られている。

### 赤ワイン

メドックからは60、ペサック・レオニャンからは1のシャトーが選出。

|  |  |  |
|---|---|---|
| 1級 | Premiers | 5シャトー |
| 2級 | Deuxièmes | 14シャトー |
| 3級 | Troisièmes | 14シャトー |
| 4級 | Quatrièmes | 10シャトー |
| 5級 | Cinquièmes | 18シャトー |

### 白ワイン

ソーテルヌ、バルザックのアペラシオンから27シャトーが選ばれた。

|  |  |  |
|---|---|---|
| 特1級 | Premier Cru Supérieur | 1シャトー |
| 1級 | Premiérs Crus | 11シャトー |
| 2級 | Deuxièmes Crus | 15シャトー |

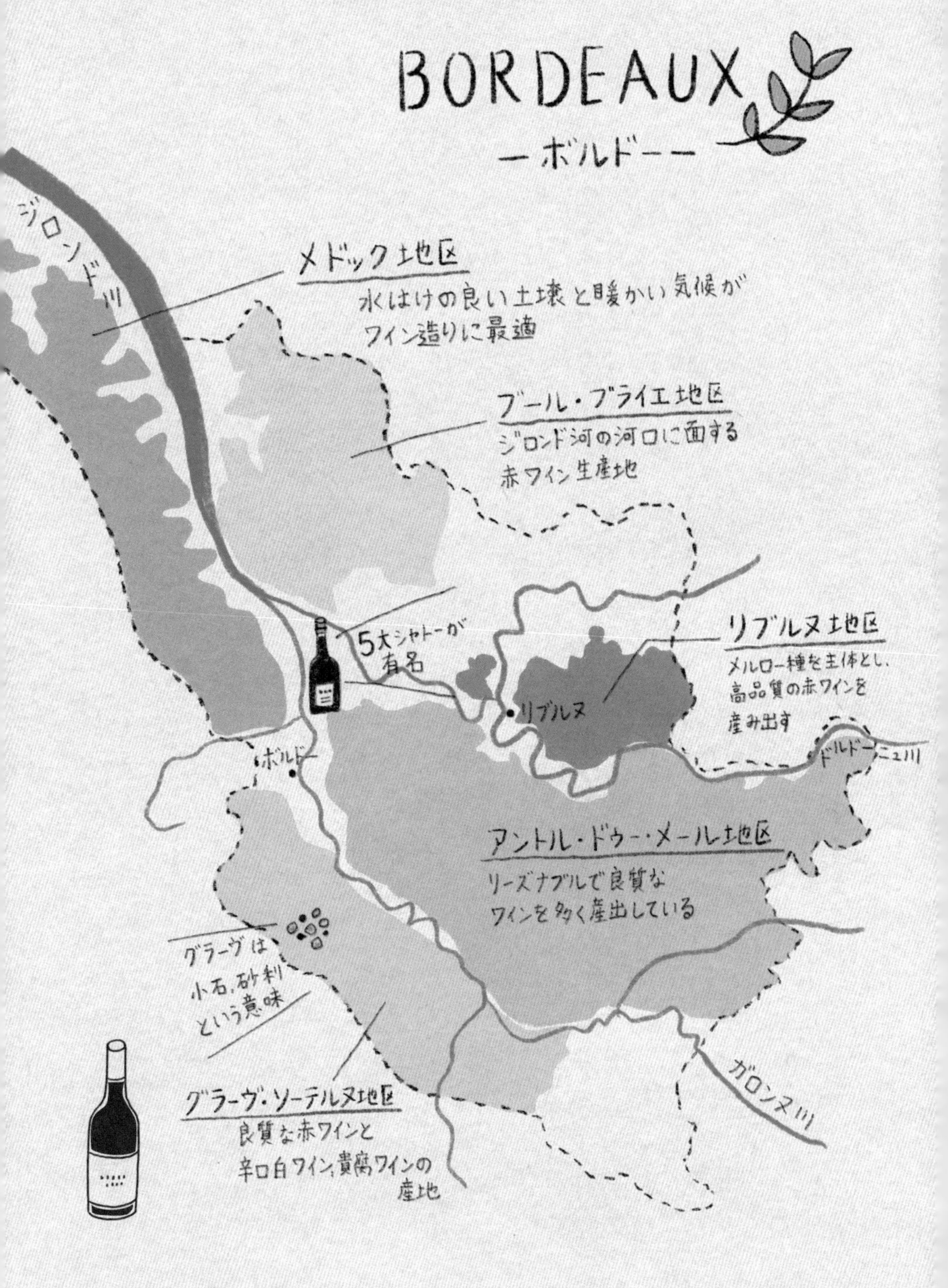
BORDEAUX
ーボルドーー
ジロンド川
メドック地区
水はけの良い土壌と暖かい気候が
ワイン造りに最適
ブール・ブライエ地区
ジロンド河の河口に面する
赤ワイン生産地
5大シャトーが
有名
リブルヌ地区
メルロー種を主体とし、
高品質の赤ワインを
産み出す
リブルヌ
ボルドー
ドルドーニュ川
アントル・ドゥー・メール地区
リーズナブルで良質な
ワインを多く産出している
グラーヴは
小石、砂利
という意味
ガロンヌ川
グラーヴ・ソーテルヌ地区
良質な赤ワインと
辛口白ワイン、貴腐ワインの
産地

# ブルゴーニュのワイン

**フランス北東部に位置し、ボルドーと並ぶ**
**世界的なワイン産地。**
**単一ブドウ品種から造るため、**
**産地の個性を感じられるワインが特徴。**

### 特徴

ブレンドせず同一品種で造るのが特徴だが、造り手やテロワールの違いで多彩な味わいを持つワインになる。

### ブドウ品種

【赤】■ピノ・ノワール
■ガメイ

【白】■シャルドネ
■アリゴテ

## ブルゴーニュの格付け

最小単位である畑(クリマ)を特級畑(グラン・クリュ)、1級畑(プルミエ・クリュ)と細かく格付けし、次いで村、地域で分けている。また、ボジョレーやシャブリなど独自の格付けを行っている地域もある。

**特級畑　グラン・クリュ**
最高級のワインを生産する畑を指す。生産量も少ないため、大変希少なワインが揃う。

**1級畑　プルミエ・クリュ**
特級には及ばないが、1級として格付けされる畑。ラベルには村名の後に記載される。

**村名クラス**
グラン・クリュ、プルミエ・クリュには属さないが、良質なワインを造る村の畑。

**地区名クラス**
最も低い格付け。上3つを除く広範囲を指し、コート・ド・ニュイなどの地域名が入る。

## 生産者の規模が小さいブルゴーニュではドメーヌをネゴシアンがサポートする

畑を所有し、醸造まで自分で行う生産者を「ドメーヌ」、ブドウ農家から買い入れたブドウやワインで醸造、熟成、販売を手がける業者を「ネゴシアン」と呼ぶ。ネゴシアンはワイン生産において大きな役割を担う。

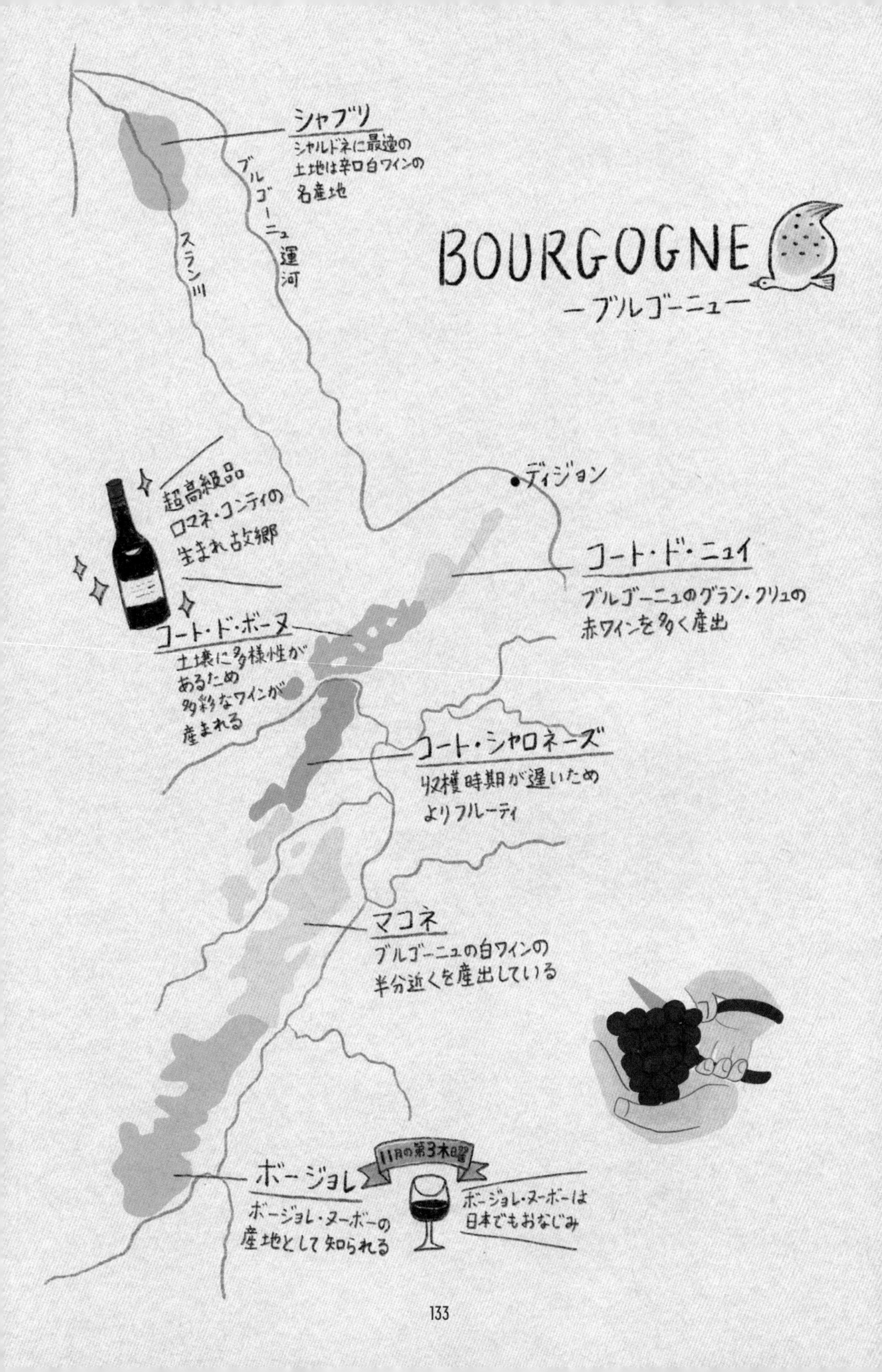
シャブリ
シャルドネに最適の
土地は辛口白ワインの
名産地
ブルゴーニュ運河
スラン川
BOURGOGNE
ーブルゴーニューー
ディジョン
超高級品
ロマネ・コンティの
生まれ故郷
コート・ド・ニュイ
ブルゴーニュのグラン・クリュの
赤ワインを多く産出
コート・ド・ボーヌ
土壌に多様性が
あるため
多彩なワインが
産まれる
コート・シャロネーズ
収穫時期が遅いため
よりフルーティ
マコネ
ブルゴーニュの白ワインの
半分近くを産出している
11月の第3木曜日
ボージョレ
ボージョレ・ヌーボーの
産地として知られる
ボージョレ・ヌーボーは
日本でもおなじみ

# ボルドー vs ブルゴーニュ

「ワインの王」「ワインの女王」そう評される2大ワイン生産地。
両方とも世界で最も有名なワイン産地だが、
実はそれぞれ異なる特徴を持つ。

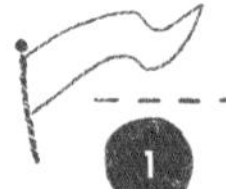

## 1 ボトルの形が違う

### ボルドーはいかり肩
### ブルゴーニュはなで肩

ボルドーがいかり肩なのは、澱(おり)が多く発生することが関係している。肩に角度をつけることで澱(おり)がせき止められ、グラスに注がれるのを防ぐのだ。一方、ブルゴーニュは澱があってもサラサラしているため、飲んでも気にならないのだ。

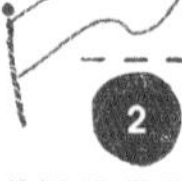

## 2 ブドウ品種が違う

**ボルドー**

赤

カベルネ・ソーヴィニヨン
カベルネ・フラン
メルロー
マルベック
プティ・ヴェルド

白

ソーヴィニヨン・ブラン
セミヨン
ミュスカデル

**ブルゴーニュ**

赤

ピノ・ノワール
ガメイ

白

シャルドネ
アリゴテ

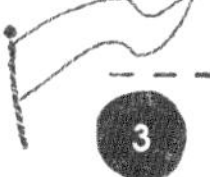

## ③ ボルドーはブレンド、ブルゴーニュは単一品種

### ブレンド、単一 それぞれのよさがある

ボルドーでは、さまざまな味わいを持つ品種をブレンドすることで、複雑で奥深い旨味を持つワインができる。一方ブルゴーニュでは、ひとつの品種でのみワインを造るため、ブドウや畑による違いをダイレクトに味わえる。

## ④ 生産者の規模が違う

### ボルドー＝大シャトー ブルゴーニュ＝小規模

ボルドーは広大な敷地に大規模な設備を構えているシャトーが多いが、ブルゴーニュは家族経営で小規模なところが多い。

## ⑤ 格付けの仕方が違う

### ブルゴーニュは「畑」ごと ボルドーは「シャトー」ごと

ブルゴーニュは、土地の個性がワインに顕著に出るため、最小単位の畑で格付けを行う。

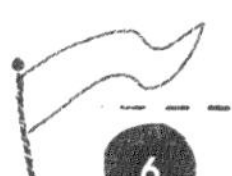

## ⑥ 生産比率が違う

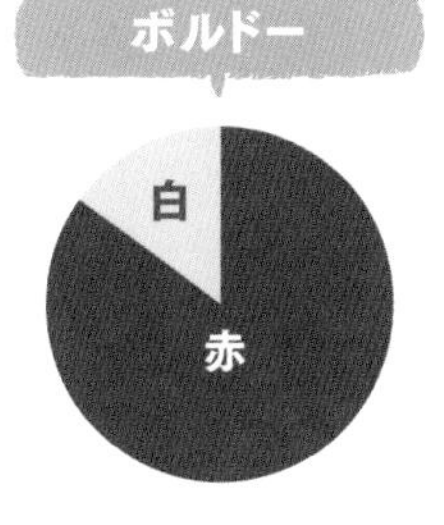


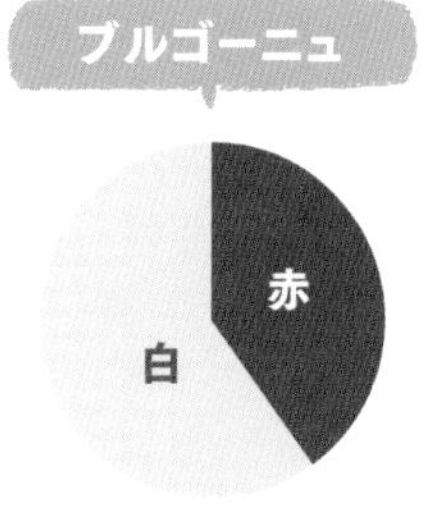


### 赤ワインが大半のボルドー

ボルドーでは生産するワインのうち、赤ワインが8割以上を占めるが、ブルゴーニュでは生産されるワインは5割以上が白ワイン。

# ロワールのワイン

フランス最長の川であるロワール川の流域に広がるロワール地方は、4つの地区で成り立っており、それぞれの地区ごとに多種多様なワインが生まれている。

### 特徴

広範囲に産地が点在しているため、それぞれ気候も異なる。各地区で使用品種も異なるため、多様なワインが造られている。

### ブドウ品種

【赤】
- カベルネ・フラン
- ピノ・ノワール
- ガメイ

【白】
- シャルドネ
- ミュスカデ
- ソーヴィニヨン・ブラン
- シュナン・ブラン

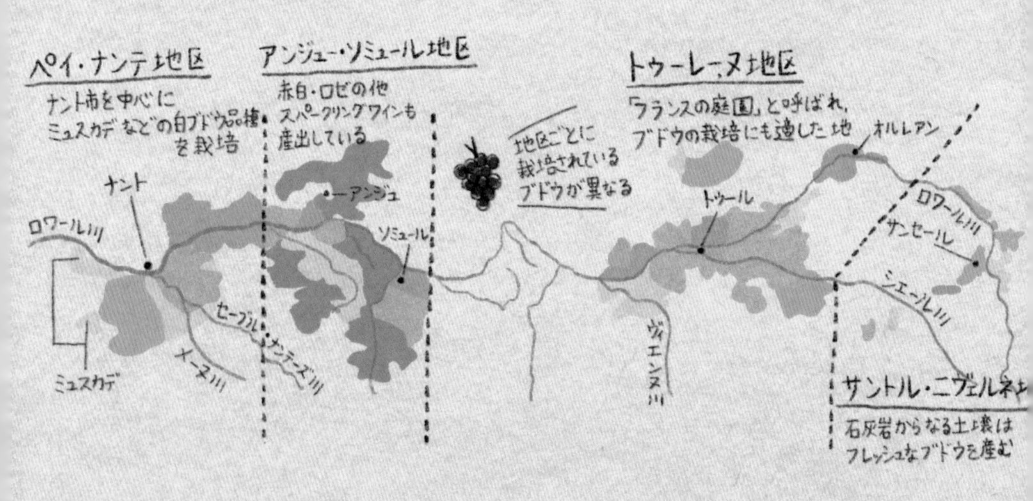

# シャンパーニュのワイン

**フランスの主要ワイン産地の中では、最も北に位置する。シャンパーニュ地方で造ったスパークリングワインのみ「シャンパーニュ」と名乗ることが許される。**

### 特徴

冷涼な気候と石灰質の土壌で育った特定のブドウ品種を使って造るシャンパーニュは、洗練されて気品のある味わいを持つ。

### ブドウ品種

【赤】■ピノ・ノワール
■ムニエ

【白】■シャルドネ

## シャンパーニュの醸造法

シャンパーニュは使用品種や製造方法がA.O.Cによって決められている。品種はシャンパーニュ地方で栽培されたシャルドネやピノ・ノワールなどで、二次発酵を瓶内で行うなど独特の製法で造る。

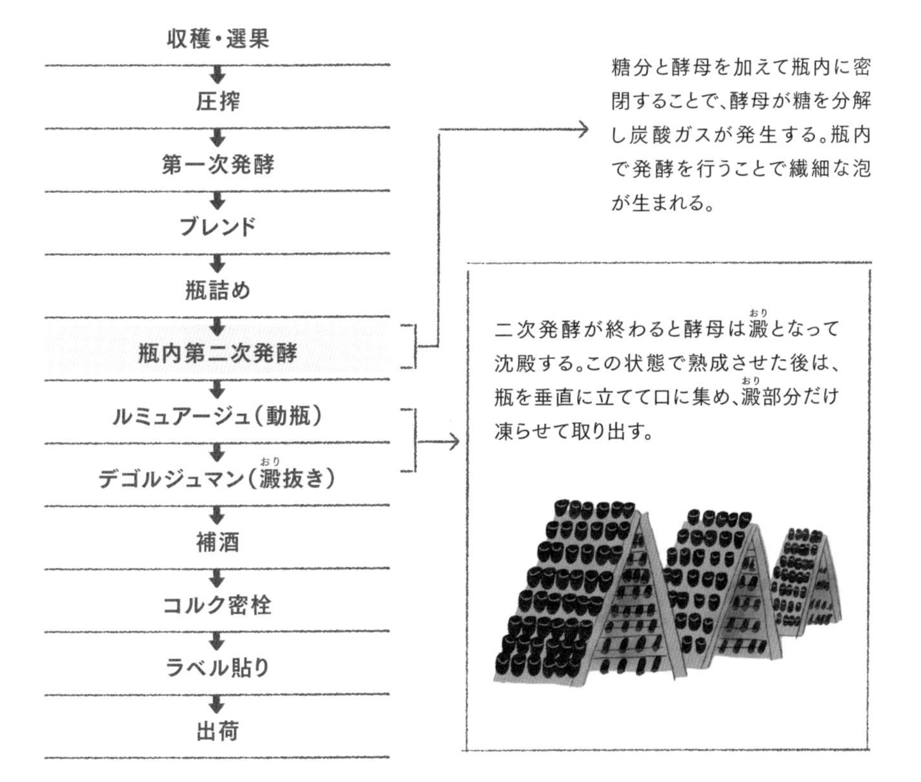

# イタリアのワイン

ワイン生産量ではフランスを抜いて世界1位のイタリア。
イタリアではワインは「水より安い」と言われるほど
国民的な飲み物で多彩なワインが揃う。

何しろブドウの
品種が多く
地域ごとに
特徴が多い！

## イタリアワインの格付け

1963年には本格的な「原産地呼称」が立法、現在は3つのクラスに分類して格付けしている。

### 旧区分

**D.O.C.G.**
Denominazione di Origine Controllata e Garantita
統制保証原産地呼称

厳しい規則があり、農林省など国家機関の検査も介入する。

**D.O.C.**
Denominazione di Origine Controllata
統制原産地呼称

D.O.C.Gほど厳しくはないが、すべての生産過程において規定がある。

**I.G.T.**
Indicazione Geografica Tipica
地理的生産地表示ワイン

1992年に新設。産地のブドウを85％以上使用すると決められている。

**Vino da Tavola**
テーブルワイン

最も下のクラス。ブドウの品種や生産地などの規定がないワイン。

↑ 地理的表示付きワイン ↓

### 新区分

**D.O.P.**
Denominazione di Origine Protetta
保護原産地呼称ワイン

EUのワイン法改正に合わせて2010年に改正。D.O.CとD.O.C.Gを合わせて、ひとつのクラスに変更した。ただD.O.CとD.O.C.Gの表示も認められている。

**I.G.P.**
Indicazione Geografica Protetta
保護地理表示ワイン

今までのI.G.T。名称は変わったが、扱いはそれまでのI.G.Tと同じで、産地でとれたブドウを85％以上使用しているワインに与えられる。

**Vino**
ヴィーノ

これまでのV.d.Tにあたり、扱いもテーブルワインと同じ。手頃なワインが揃う。

アルプス山脈
ピエモンテ州
イタリアワインの王様と言われるバローロなどを産出
ミラノ
ヴェネツィア
フィレンツェ
トスカーナ州
中部イタリア最大のブドウ産地でキャンティが有名
アドリア海
ローマ
全州でワインが造られている
ティレニア海
サルディーニャ
ワイン産地の歴史は古く、北部ではコルク栓も作る
ナポリ
ITALY
―イタリア―
シチリア
イオニア海

# トスカーナのワイン

**世界的に有名な「キャンティ」の生産地で、
高品質なワインを多く生産している。
州都は花の都と呼ばれるフィレンツェで、
イタリア文化の中心地といわれている。**

### 特徴

内陸部は大陸性気候だが、海岸部は地中海性気候。キャンティをはじめ、赤ワインの生産が8割以上を占める。

### ブドウ品種

【赤】■サンジョヴェーゼ
■カベルネ・ソーヴィニヨン
■メルロー

【白】■トレッビアーノ・トスカーノ

## キャンティとキャンティ・クラシコ

「キャンティ」は世界的に人気だが、それゆえに生産地区が拡大し、質の悪いキャンティが出回った。そこで、本来の生産地域のみで独立し、サンジョヴェーゼを最低80％以上使うなど厳格な条件のもと造る「キャンティ・クラシコ」を生み出した。

## スーパータスカン

イタリアのワイン法ではメルローなどのボルドー品種を使うと、テーブルワインに位置づけられる。しかし、スーパータスカンはその品質の高さから世界中で人気になり、1994年にはボルゲリ・サッシカイアがD.O.Cに昇格した。

# ピエモンテのワイン

**山(モンテ)のふもと(ピエ)という名前のとおり、アルプス山脈の南側に位置する。イタリア最高のワインといわれる「バローロ」などの産地として知られる。**

**特徴**

高級ブドウ品種「ネッビオーロ」の原産地で、単一で造る「バローロ」などの高級赤ワインが有名。白ワインの生産もさかん。

**ブドウ品種**

【赤】
- ネッビオーロ
- バルベーラ
- ドルチェット

【白】
- コルテーゼ
- アルネイス
- モスカート・ビアンコ

## イタリアワインの王様「バローロ」

ネッビオーロを使用し、3年以上熟成させるのが特徴。当たり年は20年以上熟成させるものもあり、長期熟成に耐えられる重厚で力強い味わいはまさに「ワインの王」。高値がつくものが多く、イタリアを代表するワインだ。

## バローロの弟分「バルバレスコ」

バローロの「王様」に対して「女王」「バローロの弟分」と呼ばれる。同様にネッビオーロから造られるが、熟成期間は2年以上とバルバレスコのほうが短い。同じく長期熟成型だが、バローロよりエレガントな味わい。

**アスティ・スプマンテとモスカート・ダスティ**

モスカート種を使う二大ワインで、アスティ・スプマンテはスパークリング、モスカート・ダスティは甘口微発泡。どちらも女性に人気。

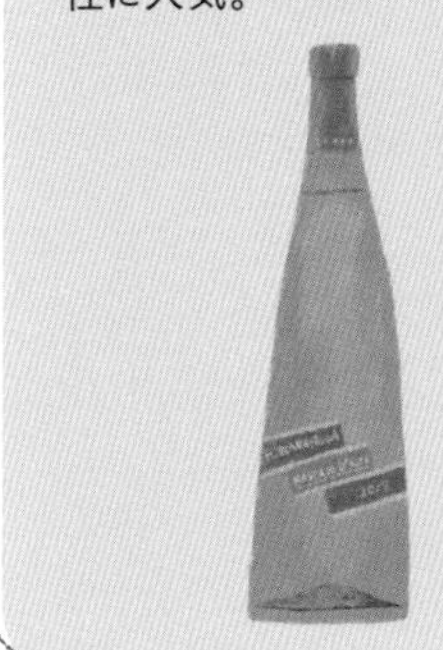

# ドイツのワイン

ワイン産地の中で最も北に位置している。
高緯度のため日照時間が短いが、
急斜面にブドウ畑を作ることで
日照量を確保し、
糖度の高い良質なワインを
造っている。

赤ワインは
南部で
造られるよ

## 特徴

繊細な甘みが特徴の品種リースリングを使った白ワインを中心に生産している。

## ブドウ品種

【赤】■ピノ・ノワール
■ドルンフェルダー

【白】■リースリング
■ピノ・グリ
■ミュラー・トゥルガウ

## ドイツワインの品質分類

| 分類 |
|---|
| Prädikatswein 生産地限定格付け上質ワイン |
| Qualitätswein 生産地限定上質ワイン |
| Landwein 地酒 |
| Deutscher Tefelwein 地理的表示のないワイン |

高級

**Trockenbeerenauslese**
トロッケンベーレンアウスレーゼ
貴腐ブドウで造られた極甘口のワイン。世界三大貴腐ワインの一つ。

**Eiswein**
アイスヴァイン
収穫を遅らせ、自然凍結した状態のブドウで造る。

**Beerenauslese**
ベーレンアウスレーゼ
熟しきったブドウから造られるワイン。貴腐ブドウとブレンドすることも。

**Auslese**
アウスレーゼ
十分完熟したブドウで造る。アルコール度数は 7%以上。

**Spätlese**
シュペトレーゼ
収穫時期を 1 週間遅らせたブドウで造る。甘口から辛口まである。

**Kabinett**
カビネット
最も糖度の低いブドウから造られる。辛口が多い。

### トロッケンベーレンアウスレーゼとアイスヴァイン

ドイツでは果汁の段階で糖度が高く、甘口のものから上級とされる。頂点は極上の甘さの貴腐ワインだ。

# GERMANY
—ドイツ—

北海

バルト海

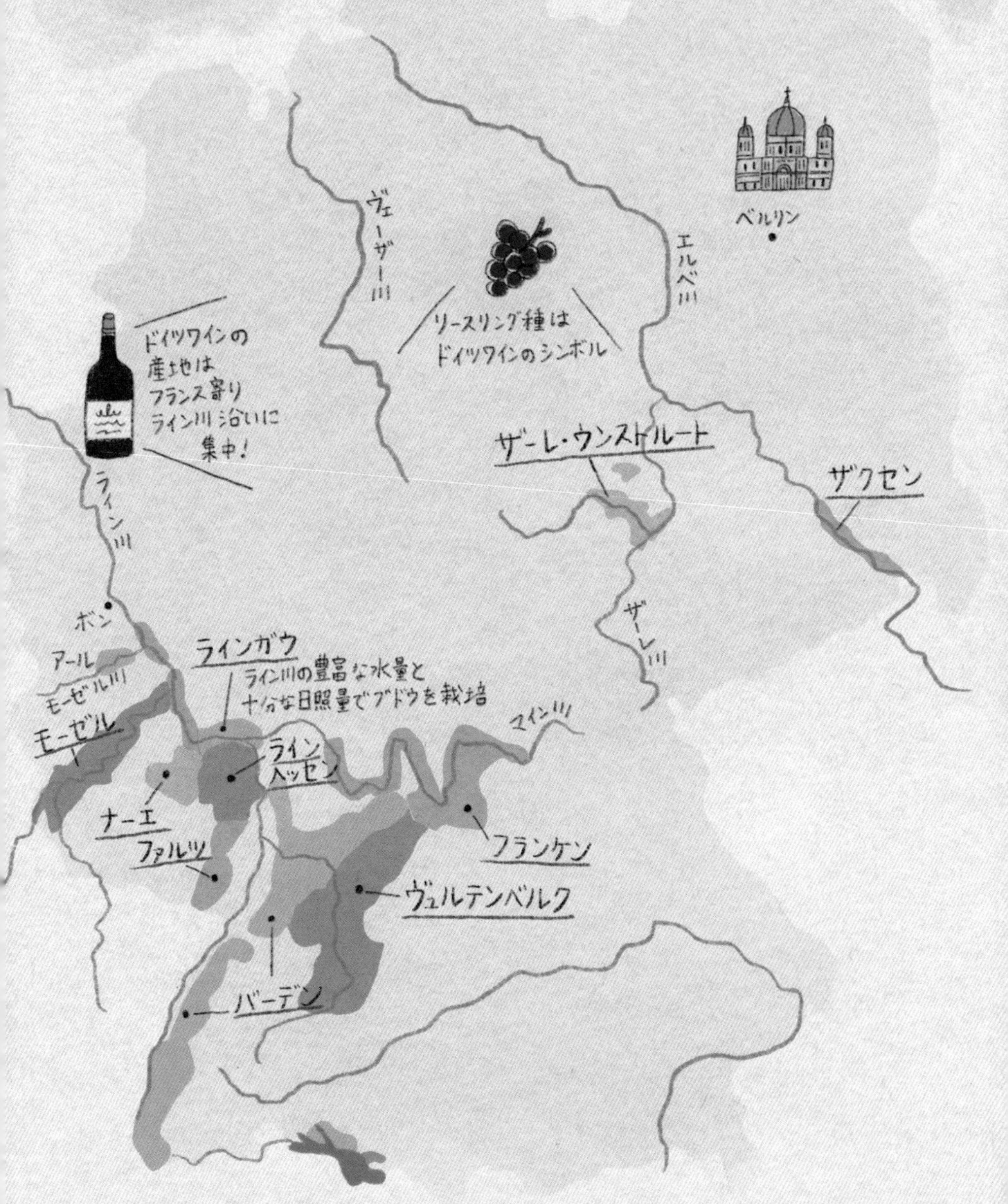

# ラインガウのワイン

ライン川の北側に位置し、
ドイツの5大畑のうち4つがラインガウにある。
リースリングの栽培比率が最も高く、輸出も行っている。
夏は暖かく、冬は穏やかな気候。

**特徴**

ブドウ栽培には最適な立地でドイツで屈指のリースリングの産地。酸味が豊かな辛口のワインがほとんどを占める。

**ブドウ品種**

【赤】■シュペートブルグンダー

【白】■リースリング
■ミュラー・トゥルガウ

## 北緯50度のラインガウでなぜブドウ栽培が可能か?

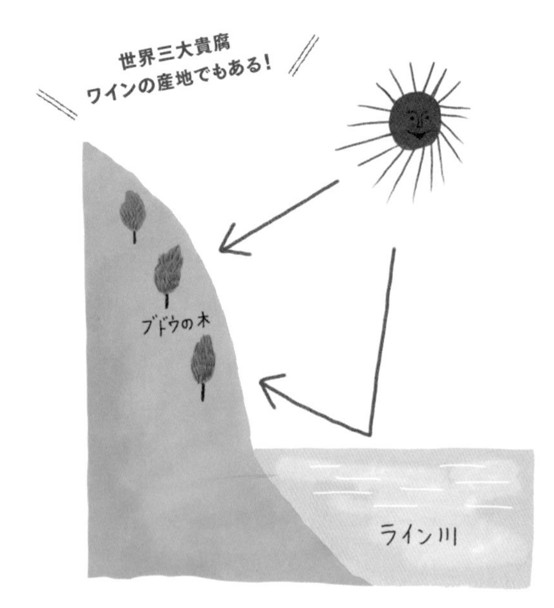


### 霧がブドウを守ってくれる

ライン川が日中の太陽のエネルギーを吸収し、その熱を発散することで細かい霧が発生し、冷気からブドウ畑を守るのだ。

### 川面からの反射光と斜面ゆえに冷涼でもワイン栽培が可能

ラインガウのブドウ畑はすべて南向きなので、川面からの反射光と太陽の熱を十分浴びることができるので、温暖な気候になる。

## モーゼル・ザール・ルーヴァーのワイン

ドイツで最も古いワイン生産地として知られる。モーゼル川、ザール川、ルーヴァー川に沿ってブドウ畑が広がっている。斜度30%を超える急斜面のブドウ畑が有名。

**特徴**

ブドウ畑はリースリングが半分以上を占め、フルーティーですっきりした酸味の白ワインが多く造られている。

**ブドウ品種**

【白】■リースリング
■ミュラー・トゥルガウ
■エルプリング
■ケルナー

### 温暖化で生産量が減る? ブドウを凍らせて造るアイスヴァイン

アイスヴァイン用のブドウは12月から2月ごろの氷点下に収穫する。しかし近年温暖化の影響で氷点下にならず、収穫ができない状況になることが珍しくないという。

## ワイン造りの歴史

### 2000年前から栽培される土着品種「エルプリング」も

ローマ人が持ち込んだとされるエルプリングは、ドイツ最古の品種。モーゼル地方でのみ栽培が許可されており、ブレンド用としてよく使われる。

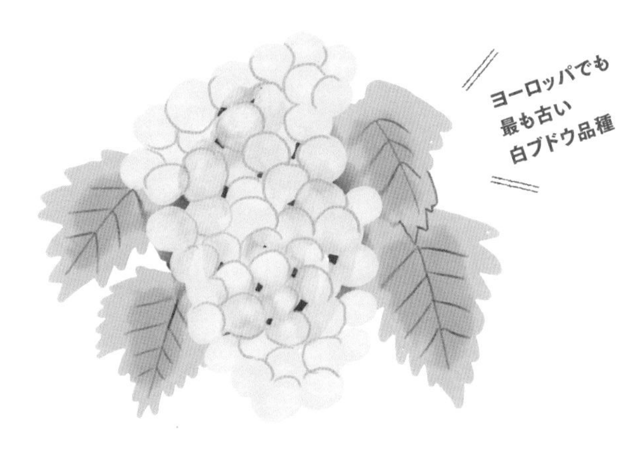

# スペインのワイン

ブドウの栽培面積は世界1位、
ワインの生産量は3位とワインの生産が
さかんなスペイン。気軽に飲めるような、
リーズナブルなワインが多く、選ぶ楽しみがある。

### 特徴

ほぼ全土でワインが造られる。情熱の国のワインとして多様な味が人気。

### ブドウ品種

【赤】■グルナッシュ
■テンプラニーリョ
■カベルネ・ソーヴィニヨン

【白】■アルバリーニョ
■ソーヴィニヨン・ブラン
■ミュスカ
■シャルドネ

## スペインの格付け

1970年にフランスのA.O.C.にならって「原産地呼称(DO)制度」が制定された。

| | |
|---|---|
| **V.P.** Vinos de Pagos | **単一ブドウ畑限定ワイン** 特定の村落で他とは違うテロワールを持つ畑から生産されるワイン。 |
| **D.O.Ca** Denominación de Origen Calificada | **特選原産地呼称** DO産ワインの中から昇格が認められた高品質ワイン。 |
| **D.O** Denominación de Origen | **原産地呼称** 特定の地域内で栽培された認可品種を原料とした上質なワイン。 |
| **V.C.I.G.** Vinos de Calidad con Indicación Geográfica | **地域名呼称付き高級ワイン** 特定の地域、地区、村落で収穫されたブドウを原料としたワイン。 |
| **Vino de la Tierra** | **地理的表示保護** 認定地域内で生産されたブドウを60%以上使用したワイン。 |
| **Vino de Mesa** | **ビノ・デ・メサ** 格付けされていない畑で生産されたワインなど。 |

### シェリー酒の造り方

**❶酒精強化**

醸造過程でブランデーなどのアルコールを加えて造る。

**❷ソレラシステム**

古い年数の樽の中身が減ったら新しい年数の樽から補充する仕組み。

## 4000種以上のブドウを栽培。有名なのが「テンプラニーリョ」

テンプラニーリョはスペインの赤ワインを代表する品種で、繊細で華やかな香りが楽しめる。

SPAIN
—スペイン—

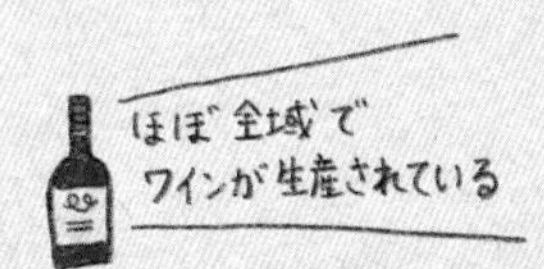
ほぼ全域で
ワインが生産されている

大西洋地方
リオハ
テンプラニーリョは
この地域を代表する品種
北部地方
ドウエロ川
ポルトガル
内陸部地方
マドリッド
エブロ川
バルセロナ
ペネデス
タホ川
地中海
地方
バレアレス
諸島
ラ・マンチャ
スペイン最大の
ワイン産地
酒精強化ワイン
シェリー酒が
有名
地中海
南部地方
マラガ
ヘレス
シェリーが有名
リア諸島

# ポルトガルのワイン

酒精強化ワインのイメージが強いポルトガルだが、
ワイン造りの歴史は古く、土着品種も250種を超える。
国内全土でワインを生産しており、
多種多様な味が楽しめる。

## 特徴

地域によってテロワールが異なるため、多彩なワインが生まれる。

## ブドウ品種

【赤】■トゥーリガ・ナシオナル
■ヴィーニャオ
■エスパデイロ

【白】■ロウレイロ
■トラジャドゥーラ
■アリント

酒精強化ワインで有名だね

## ヴィーニョ・ヴェルデ

ポルトガル最大の生産地域。「緑のワイン」という意味を持ち、完熟手前で収穫するので果実の瑞々しさが味わえる。

## ポルト＆ドウロ

ポルトは酒精強化ワイン「ポートワイン」の産地、ドウロは近年はスティルワインの産地として知られている。

## マデイラ

酒精強化ワイン「マデイラワイン」の生産地。マデイラワインは、カラメルソースのような独特の風味が楽しめる。

## ダン

ダン川流域に広がる地域で、夏の暑さが厳しいためブドウがしっかり熟し、糖度の高いワインが味わえる。

# EUROPE —ヨーロッパ—

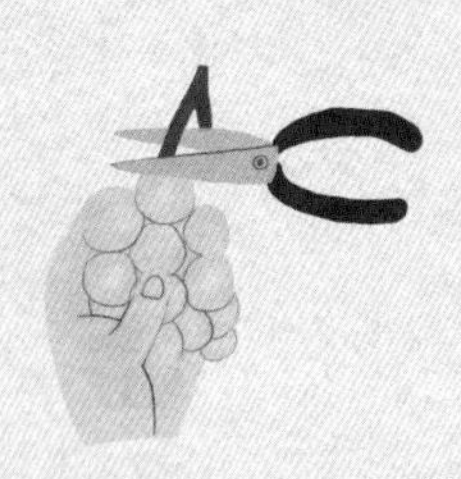

オーストリア、ハンガリーなどの中央ヨーロッパやギリシャなどでもワイン造りはさかん。個性あふれるワインが楽しめる。

これより北の地域はワイン造りに適していない

生産量の70%が辛口の白ワイン 新酒ホイリゲが有名

貴腐ワイン産地「トカイ」の他 全域にワイン産地がある

輸出は少ないがワイン造りの歴史は2000年以上！

スイス

オーストリア

ハンガリー

ブルガリア

ワイン造りの歴史は古い 個性派ワインが注目

ギリシャ

地中海気候ならではのアロマ高いワインが味わえる

# アメリカのワイン

「新世界（ニューワールド）ワイン」の
ひとつであるアメリカ。カリフォルニアを中心に
ヨーロッパのワインとは
異なる独自スタイルのワイン造りを行っている。

### ナパ・ヴァレーとオーパス・ワン

優れた銘醸地として知られるナパ・ヴァレーは、カリフォルニアワインの代名詞「オーパス・ワン」の産地としても知られる。

**特徴**

しっかりした果実味と万人受けするわかりやすい味わいが特徴。

**ブドウ品種**

【赤】■メルロー
■カベルネ・ソーヴィニヨン

【白】■シャルドネ
■リースリング

特徴❶

## 最先端のワイン生産地

ヨーロッパの伝統的な手法と最先端の科学技術、研究を融合させて高品質なワインを産み出している。

特徴❷

## 寒暖差

カリフォルニア海流で発生する霧によって、日中と夜の寒暖差が大きいため、ほどよく成熟したブドウが栽培できる。

## 土壌がバラエティ豊か

地域によって土壌のバリエーションはさまざまでおよそ100種。そのため地域で異なる味わいのワインが楽しめる。

# CALIFORNIA

— カリフォルニア —

# オーストラリアのワイン

高品質なのにリーズナブルなワインといえば、オーストラリア産。ワイン造りの歴史は浅いが、生産量は世界7位で、バラエティ豊かなワインが注目されている。

### 特徴

大手が総生産量の8割以上を占めるため、良質で低価格のワインが多い。

### ブドウ品種

【赤】■シラーズ（シラー）

【白】■シャルドネ
■セミヨン
■ミュスカデル

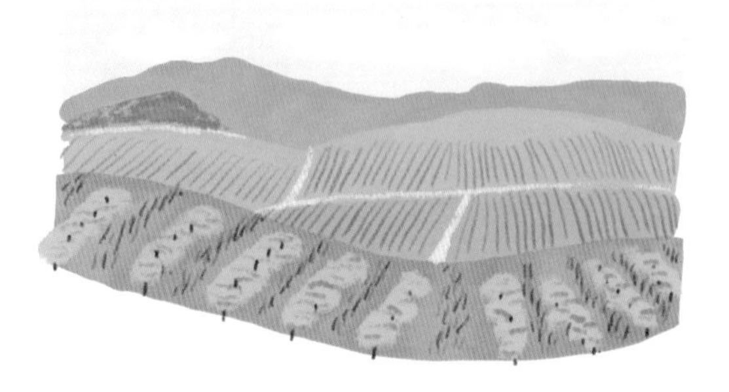

# チリのワイン

1990年代後半に低価格ワインとしてブームになったチリワイン。2015年には日本におけるワイン輸入量の1位となり、ますます安くておいしいワインの地位を不動にしている。

**特徴**

ブドウの病害が少なく、自然環境も栽培に適しているため、高品質なワインが造られる。

**ブドウ品種**

【赤】■メルロー
■ピノ・ノワール

【白】■シャルドネ
■セミヨン

# 南アフリカのワイン

新世界ワインの生産国のひとつ、南アフリカではバラエティに富んだワインが数多く生産されている。輸出量も増え、今世界が注目するワイン生産国だ。

**特徴**

自然環境に優しいワイン造りを徹底している。低コストで良質なワインは世界で高評価を得ている。

**ブドウ品種**

【赤】■カベルネ・ソーヴィニヨン
■メルロー

【白】■シャルドネ
■セミヨン
■リースリング

# 日本のワイン

日本国内で栽培されたブドウを100％使用し、国内で醸造したワインのみ「日本ワイン」と名乗ることができる。固有品種「甲州」を中心に年々ワイン造りの技術は向上している。

### 特徴

降雨量が多いため、ブドウ栽培には不向きの地だが、醸造技術でそれを補い高品質なワインを造る。

### ブドウ品種

【赤】マスカット・ベイリーA
ブラック・クイーン

【白】甲州

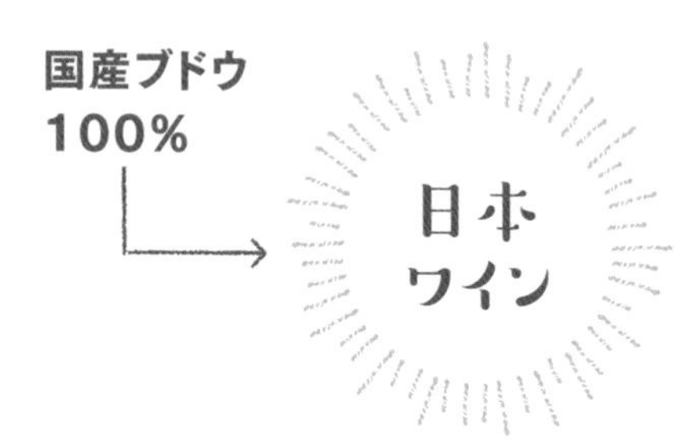


### 日本の主なブドウ

**甲州**

山梨県を中心に栽培されている日本固有品種。すっきりした辛口で繊細な果実味は日本料理によく合う。

**マスカット・ベイリー A**

アメリカ系のベーリー種とヨーロッパのマスカットハンブルグ種の交配で生まれた。甘いキャンディのような香りが特徴。

# JAPAN ー日本ー

地域によって気候や
風土が大きく異なるため
個性あふれるワインが生まれる！

## 北海道

冷涼な気候なので
ドイツ系品種の
栽培が盛ん

## 山形

江戸時代から
ワイン造りを行い
ブドウ生産量は
全国3位

## 長野

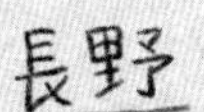

ブドウ栽培に
適した環境で
高品質ワインが揃う

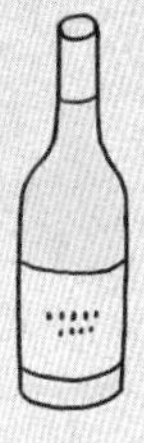

## 山梨

世界的に有名な
甲州種の産地
日本最大のワイン生産地

column

# 日本のワインがおいしくなったその理由

### ワインのためのブドウ作り最新の技術で栽培

日本は雨が多く酸性土壌のため、ワイン造りには不向きとされ「発展途上」と言われてきた。しかし、醸造技術の発展や醸造家の努力によって、近年品質は大幅に向上し、国際的なコンクールで受賞するなど、世界で注目されている。

**日本を読みとくキーワード**

**1 ワインツーリズム**

ワイナリーを巡ってテイスティングなどができる人気イベント。

**2 だしに合うワイン**

日本料理といえば、だしの味。日本ワインの優しい味わいはだしによく合う。

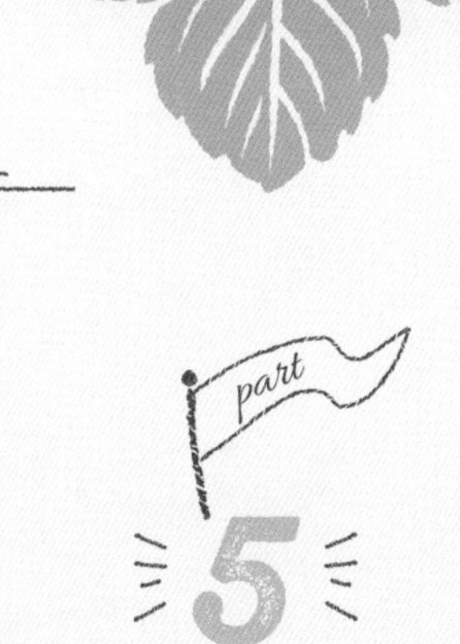


# ワインのうんちく

ワインと料理の合わせ方、赤ワインや白ワインができる過程、ワインのボトルやコルクについてなど、ワインについて知ることはまだまだたくさんある。ワインのうんちくを学んで、もっとワインを楽しもう。

# 料理とワインの合わせ方

合わせる料理によってワインの味わいはさらに輝きを増す。
お互いを引き立たせる最高のペアリングを探そう。

合わせ方が
わかれば
料理もワインも
もっとおいしくなる

## 大切なのは 共通点を見つけること

### 共通点1 素材の重さ、軽さを合わせる

コクのある牛肉の煮込みにはフルボディの赤ワインを合わせるように、ワインと料理の重さを合わせる。たとえば淡白な白身魚など軽めの食材にはさわやかで軽い白ワインを合わせる。

### 共通点2 料理の色で合わせる

デミグラスソースを使った茶色の料理には赤ワインを、ホワイトソースを使った白の料理には白ワインをというように料理とワインの色を合わせる。ロゼワインにはオレンジ色のエビやサーモンがおすすめ。

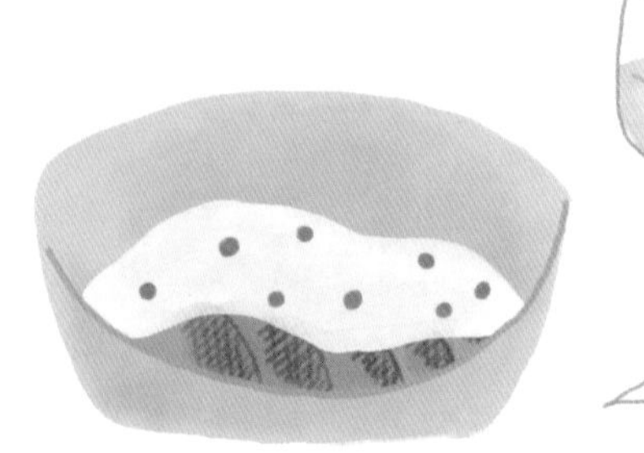

## 料理の味つけで合わせる

デミグラスソースには重めの赤ワインが、醤油ベースの料理には軽い赤ワインが合う。酸味のきいた料理にはさっぱりとした白ワイン、バターを使った料理には濃厚な白ワインを合わせるとよい。

## 食感で合わせる

とんかつなどのボリューム感のある揚げ物には赤ワインが、もったりとした食感のバターには白ワインの酸味が料理を引き立てる。揚げ物のサクッとした食感とスパークリングワインも相性がよい。

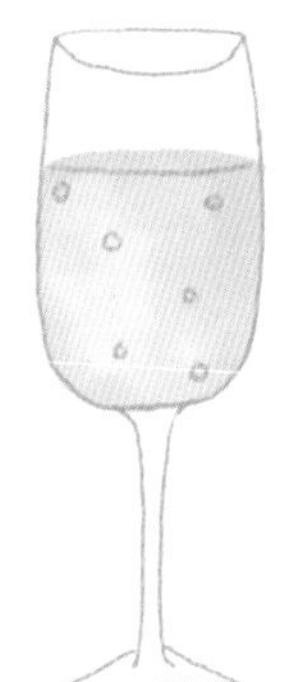

### 補完と相反もキーワード

補完はワインと料理がお互いを引き立てつり合いの取れた調和を生み出すこと。相反は反対の味わいを合わせて味わいが中和すること。塩分の少ない料理にミネラル感のあるワイン、揚げ物と酸味のあるワインなどの組み合わせがおすすめ。

## 肉料理とワイン

### 素材と味つけで<br>組み合わせるワインを変える

肉料理には赤ワインと言うが、肉の種類により相性は変わる。牛肉には渋味のある骨格がしっかりした赤ワイン、ジビエには複雑な風味を持つ熟成の進んだワインが合う。一方で淡白な豚肉や鶏肉の料理なら白ワインも合う。また同じ肉でも味つけによっても相性は変わる。濃い味つけにはコクのある赤ワイン、クリーミーな味つけには酸味の優しい白ワイン、甘酸っぱい味つけには果実味のある赤ワインが合う。

## 魚料理とワイン

### 辛口のスッキリ系の白を中心に<br>料理の個性で組み合わせる

白ワインを中心に合わせよう。淡白な白身魚にはスッキリとした白ワイン、鉄分を感じる赤身魚には軽い赤ワイン、ミネラル感のある甲殻類や貝には香り豊かな白ワインが合う。肉料理と同じように味つけによって合わせるワインの相性は変わるが、淡白な素材が中心の魚料理にコクのある味つけをしてもボディ感の強い赤ワインはあまり合わないことが多い。タンニンの強さで鉄分が強く感じられてしまうことも。

## ワインと和食

### おだやかなワインが和食の繊細さを引き立たせる

和食には素材の味わいを生かした繊細な料理が多い。そのため、渋みのある赤ワインや熟成感が強いワインでは料理の味わいを打ち消してしまう。筑前煮や肉じゃがなどの醤油ベースの料理に合わせて軽くフルーティーな赤ワイン、天ぷらなら軽い食感を引き立たせるスッキリとした酸味の白ワインなど。また、郷土のワインはその土地の食事によく合うので、日本固有種の「甲州」もおすすめ。

## ワインとチーズ

### チーズとワインに共通点を持たせて産地が同じものも◎

組み合わせの定番であるチーズとワインはどちらも発酵食品のため相性がよい。しかし、ワインの味わいがチーズに負けてしまったり、クセの強い味わいが増してしまうことも。コクやフレッシュ感の程度が同じものを合わせて味わいに共通性を持たせたり、反対の味わいを合わせて相反させることが大事。また、モッツァレラチーズにはイタリア産のワインを合わせるなど、産地で合わせることも方法のひとつ。

**白カビチーズ**
➡ 軽めでフルーティーな赤

**ハードチーズ／セミハードチーズ**
➡ コクのある赤、旨みのある白

**ウォッシュチーズ**
➡ コクのある白、甘口の白

**青カビチーズ**
➡ 豊醇な赤、甘口の白

**シェーブル（山羊）チーズ**
➡ やわらかなロゼ、赤、白

# 料理×ワインのタイプ早見表

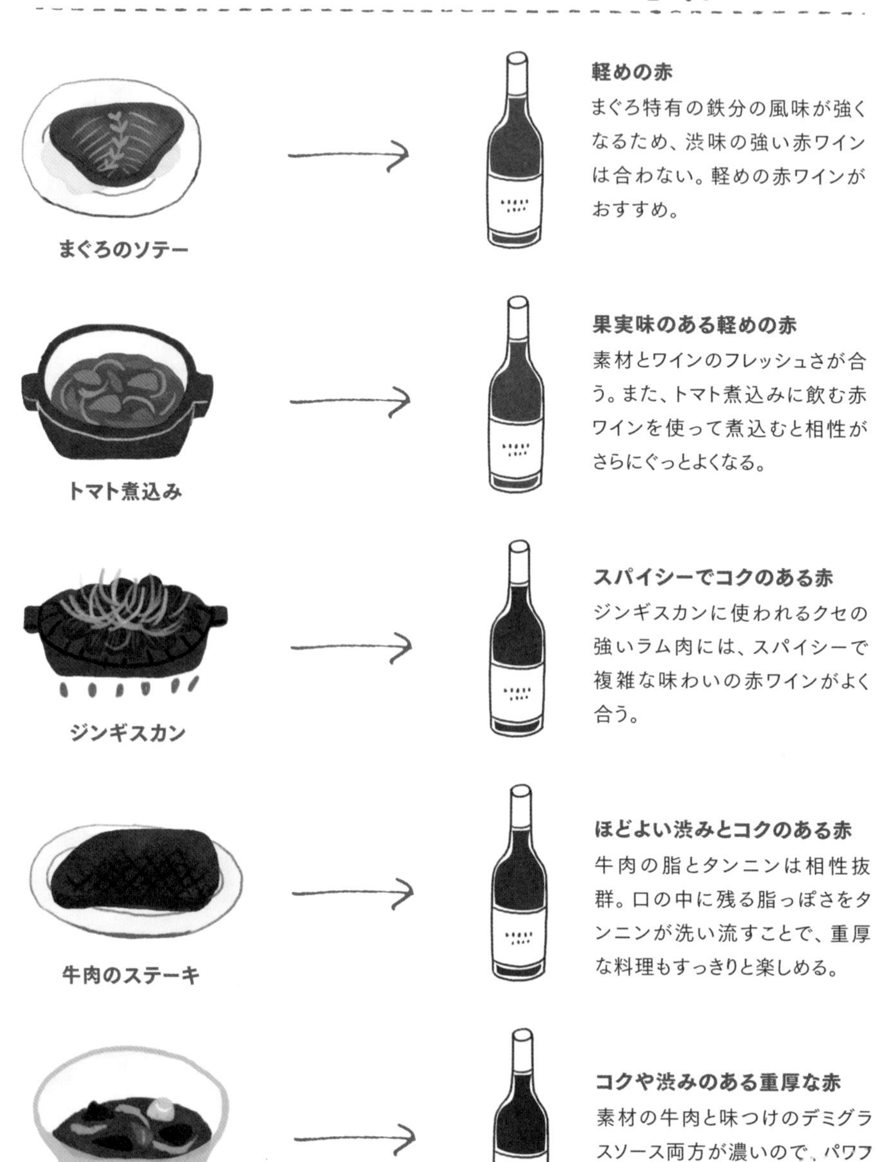

**まぐろのソテー**

**軽めの赤**

まぐろ特有の鉄分の風味が強くなるため、渋味の強い赤ワインは合わない。軽めの赤ワインがおすすめ。

**トマト煮込み**

**果実味のある軽めの赤**

素材とワインのフレッシュさが合う。また、トマト煮込みに飲む赤ワインを使って煮込むと相性がさらにぐっとよくなる。

**ジンギスカン**

**スパイシーでコクのある赤**

ジンギスカンに使われるクセの強いラム肉には、スパイシーで複雑な味わいの赤ワインがよく合う。

**牛肉のステーキ**

**ほどよい渋みとコクのある赤**

牛肉の脂とタンニンは相性抜群。口の中に残る脂っぽさをタンニンが洗い流すことで、重厚な料理もすっきりと楽しめる。

**ビーフシチュー**

**コクや渋みのある重厚な赤**

素材の牛肉と味つけのデミグラスソース両方が濃いので、パワフルでボリュームのあるフルボディのワインを合わせよう。

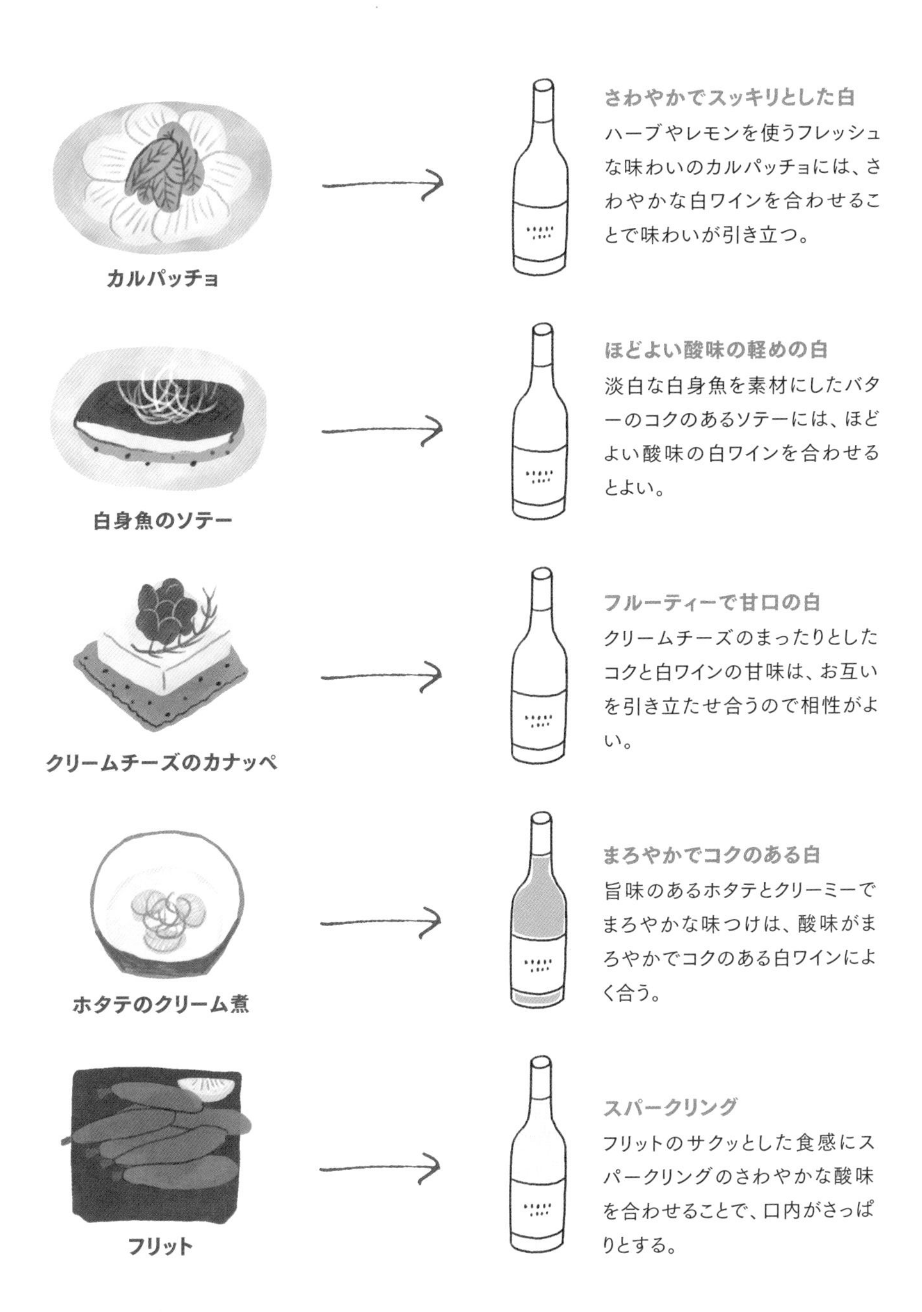

**カルパッチョ**

**さわやかでスッキリとした白**

ハーブやレモンを使うフレッシュな味わいのカルパッチョには、さわやかな白ワインを合わせることで味わいが引き立つ。

**白身魚のソテー**

**ほどよい酸味の軽めの白**

淡白な白身魚を素材にしたバターのコクのあるソテーには、ほどよい酸味の白ワインを合わせるとよい。

**クリームチーズのカナッペ**

**フルーティーで甘口の白**

クリームチーズのまったりとしたコクと白ワインの甘味は、お互いを引き立たせ合うので相性がよい。

**ホタテのクリーム煮**

**まろやかでコクのある白**

旨味のあるホタテとクリーミーでまろやかな味つけは、酸味がまろやかでコクのある白ワインによく合う。

**フリット**

**スパークリング**

フリットのサクッとした食感にスパークリングのさわやかな酸味を合わせることで、口内がさっぱりとする。

# 赤ワインができるまで

赤ワインの特徴である渋味と赤い色合いは
どのような醸造法で引き出されているのだろうか。

## 1 収穫

色素を多く含んだ黒ブドウを使う。手摘みと機械摘みの二種類がある。

## 2 除梗・破砕

茎を取り除き果粒を潰す。渋味を出すために除梗をしないこともある。

## 3 アルコール発酵・マセラシオン

発酵中に色素や渋味を引き出すため、果汁や果皮、果肉、種子を一緒に漬ける。これをマセラシオンという。

### ピジャージュとルモンタージュ

発酵中、マールと呼ばれる果皮や種子の塊ができる。このマールを櫂で沈める作業のことをピジャージュ、ポンプなどを使ってタンクのワインを循環させる作業をルモンタージュという。ワインを回しかけ、渋みや色素の抽出を効率的に行うルモンタージュに対して、ピジャージュは色の抽出が穏やか。

## 4 圧搾（あっさく）

ワインをタンクから抜いて、残った果皮や種子を圧搾機にかけて絞る。

## 5 マロラクティック発酵

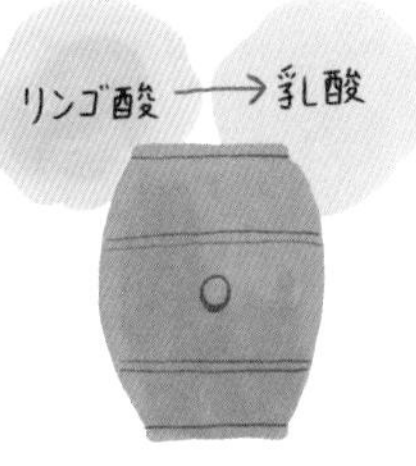


乳酸菌の働きによりリンゴ酸を乳酸に変え、酸味をまろやかにする。

## 6 熟成

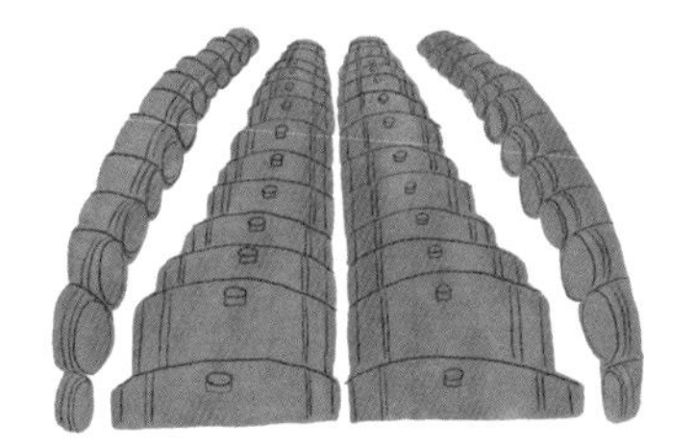

搾りたてのワインの風味は荒いため、タンクや樽に移して熟成させる。

## 7 瓶詰め

瓶詰めをして、コルクやスクリューキャップで栓をする。

## 8 瓶熟成

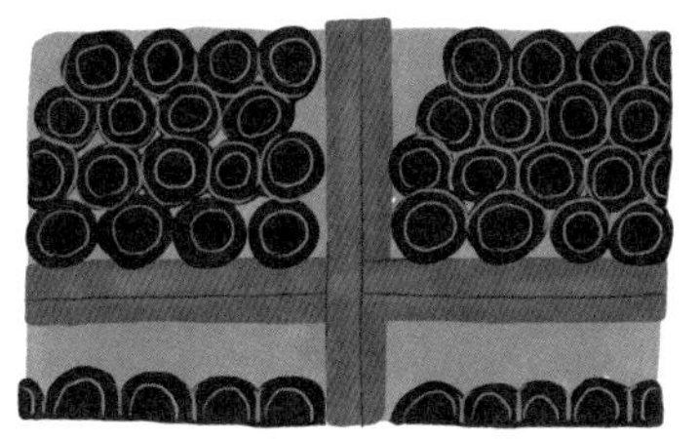

さらに貯蔵庫で熟成をすることでワインの風味に深みを与えることができる。瓶熟成を行わないですぐに出荷するワインもある。

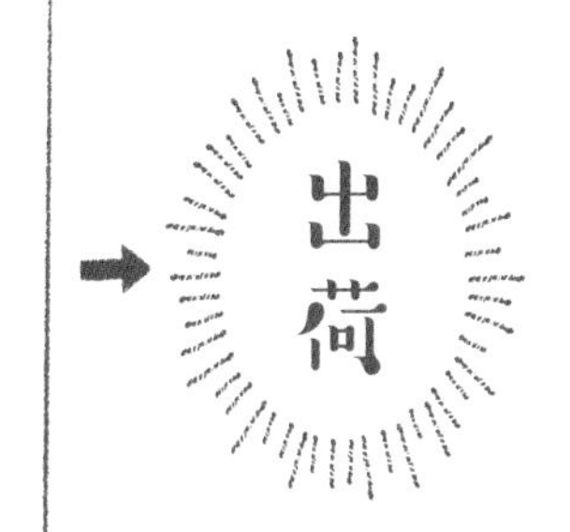

# 白ワインができるまで

果汁のみで造られる白ワインの透き通った色合いは
どのように造られているのだろうか。

## 1 収穫

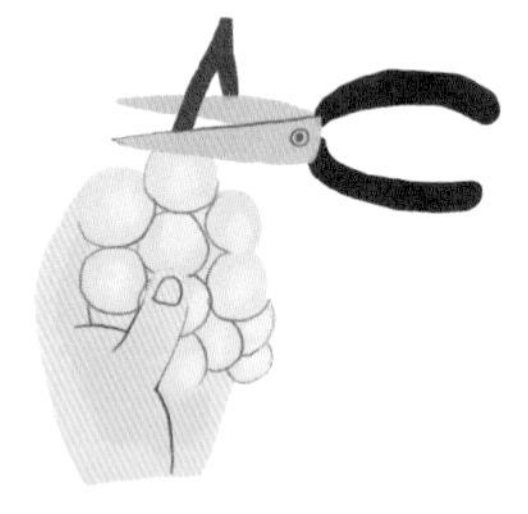

果皮が緑、黄色の白ブドウを使う。色素が薄い黒ブドウを使うことも。

## 2 除梗・破砕

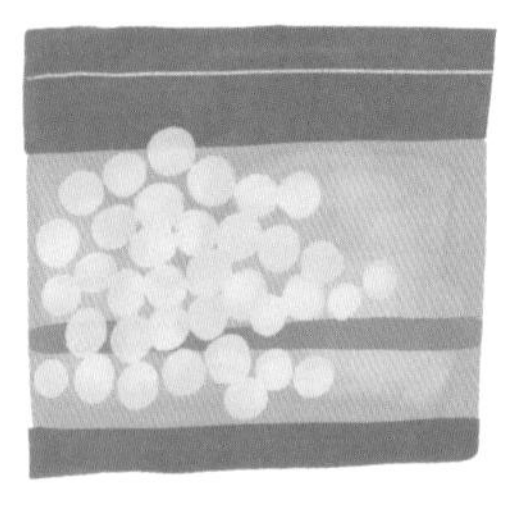

茎から果粒を取り除き、破砕する。除梗しない場合もある。

## 3 圧搾

ブドウを搾って果皮や種子を取り除き、果汁のみをタンクに移す。

### デブルバージュとは？

圧搾後の果汁はにごっており、香りや色の出方、アルコール発酵が上手くいかないことがある。果汁を低温で保管して、圧搾のときにできた不純物を沈殿させるデブルバージュをすることにより、きめ細かいワインを造ることができる。この際に、ベントナイトなどの沈殿剤を使用することもある。

## 4 アルコール発酵

タンクに移した果汁のみを、15～20度くらいの低温で発酵させる。

### 香りを大切にする工夫

赤ワインがアルコール発酵後に圧搾を行うのに対して、白ワインは圧搾後にアルコール発酵を行う。これは、果皮の色素やタンニンが果汁に移らないようにするため。また、白ワインは香りが大切なので、発酵温度を低温に抑えて香気成分の揮発を最小限にとどめる工夫をしている。

## 5 熟成

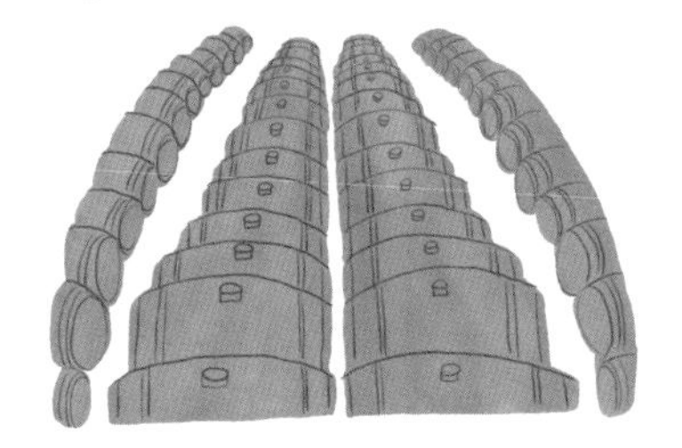

木樽やタンクでワインを熟成させる。落ち着いた味のワインになる。

## 6 澱(おり)引き・瓶詰め

上澄みを別の容器に移して不純物を取り除く。瓶に詰める。

## 7 瓶熟成

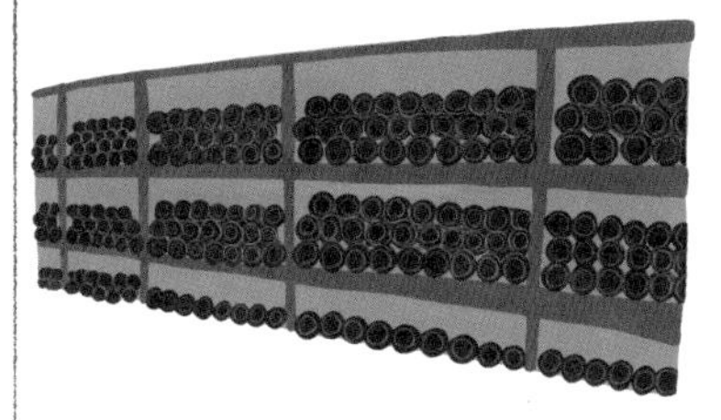

品種により瓶熟成をせずすぐに出荷する白ワインもある。辛口でもコクのあるワインや貴腐ワインなどの甘口タイプが長期間瓶熟成される。

→

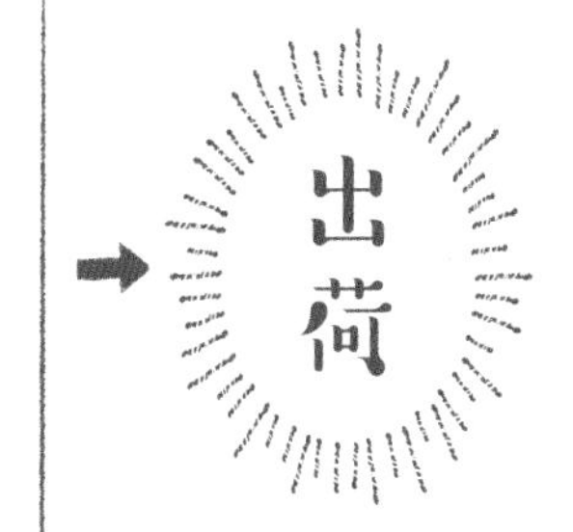

# ロゼワインができるまで

黒ブドウと白ブドウのどちらも使うロゼワインは、
原料や作られる土地によっていくつかの製法がある。

赤ワイン用
黒ブドウ

→ 破砕・浸漬
（マセラシオン）

→ 上澄みの果汁のみを
発酵（セニエ）

↓

粉砕して圧搾
または圧搾のみ

## 1 セニエ法

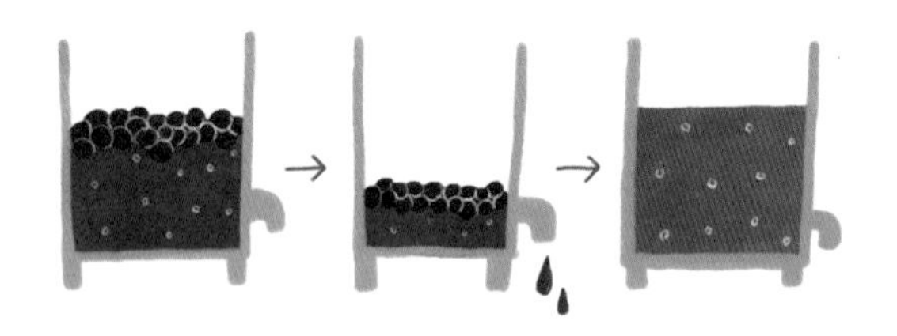

赤ワインと同じく黒ブドウを除梗、破砕しマセラシオンをする。薄く色がついた発酵の初期段階で果汁の上澄みだけを取り、低温で発酵させる代表的な製法。

## 2 直接圧搾法

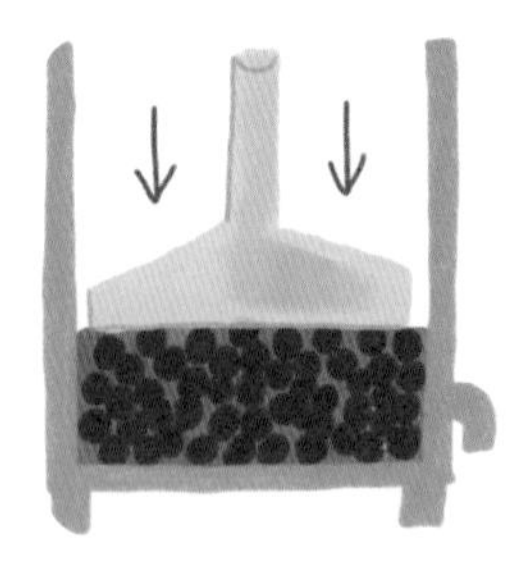

発酵

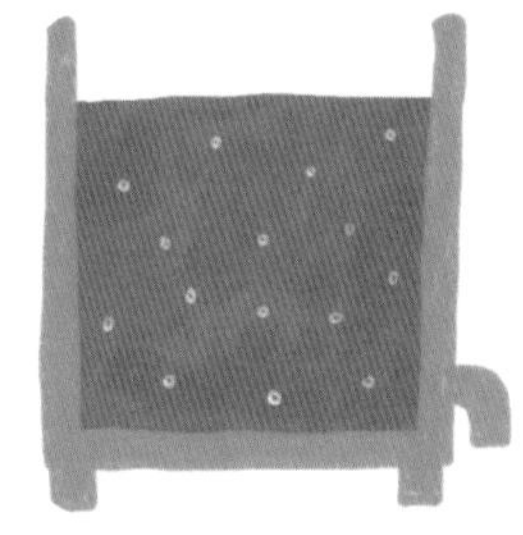

黒ブドウを圧搾してから果汁のみを発酵させる。圧搾する際に果皮の色が果汁に移りピンク色に。醸造工程は白ワインと同じ。高品質のロゼワインができる。

## 混醸法

発酵前の黒ブドウと白ブドウの果実を混ぜた状態で仕込む。黒ブドウからは強い色素が出るので、白ブドウよりも少ない量を入れる。ドイツのロートリングが有名。

赤ワイン用
黒ブドウ
＋
白ワイン用
白ブドウ

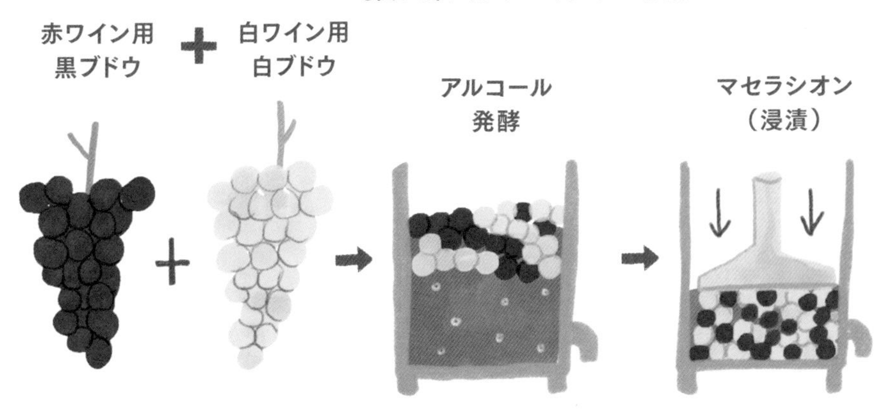


### 特別な方法で造られるシャンパーニュのロゼ

EUでは伝統的な醸造方法を守るため赤ワインと白ワインを混ぜてロゼワインを造ることを禁止しているが、フランスのシャンパーニュ地方で造られるロゼワインのみ、その造り方が許されている。

**アッサンブラージュとは？**

### シャンパーニュで行われるブレンドの工程

シャンパーニュ地方の冷涼な土地では安定した品質のブドウ栽培はむずかしいので、一次発酵で造られたワインと、品種や畑、ヴィンテージの異なるワインをブレンドして味わいを調節する。

# スパークリングワインができるまで

炭酸ガスの泡が特徴のスパークリングワインにはさまざまな製法があり、
多様な味わいを楽しめる。

## 1 シャンパーニュ方式

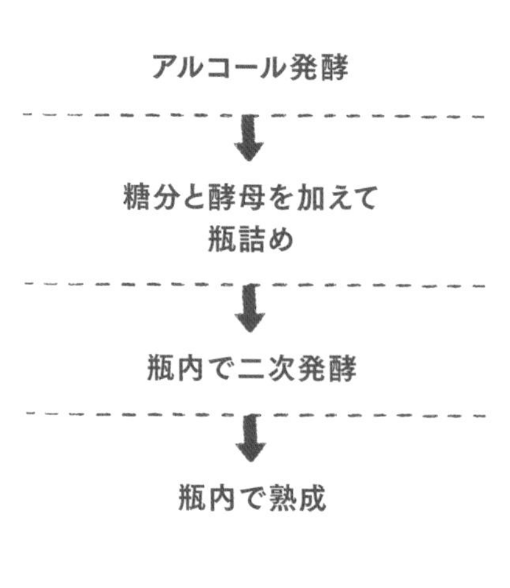

**シャンパーニュのほか、スペインのカヴァもこの方式で造られる**

ワインに糖分と酵母を加え、瓶内で二次発酵させて炭酸ガスを発生させる方法。二次発酵後、澱（おり）になった酵母を取り除くデゴルジュマン、澱（おり）を抜いた際に目減りしたワインを糖分入りのワインを加えて補うドザージュをして出荷する。シャンパーニュ製法とも呼ばれ、高級感のある複雑味が特徴。

## 2 シャルマ方式

アルコール発酵

↓

密閉されたタンク内で
二次発酵

↓

瓶詰して熟成

ワインに糖分と酵母を加え、タンク内で二次発酵させて炭酸ガスを発生させる方法。生じた澱(おり)はフィルターで取り除く。大量生産することが可能で、ブドウ本来のフレッシュな風味が味わえる。

## 3 炭酸ガス注入方式

アルコール発酵

↓

熟成

↓

炭酸ガスを注入

↓

瓶詰め

熟成後のワインの中に炭酸ガスを直接吹き込む方法。二次発酵をしないため、短期間で製造できる。製造コストを抑えることができるため、安価なスパークリングワインに多く使われる製法。

### スパークリングワインの国別の呼び方

**フランス**
- **シャンパーニュ**(シャンパーニュ地方で造られたもののみ)
- **クレマン**(泡が半分取り除かれたという意味。泡が3.5気圧と優しい)
- **ペティアン**(弱発泡性ワイン。泡は2.5気圧以下)
- **ヴァン・ムスー**(上記以外のスパークリングワイン)

**イタリア**
- **スプマンテ**(イタリアのスパークリングワインの総称)

**ドイツ**
- **ゼクト**(高級スパークリングワイン)
- **シャウムヴァイン**(上記以外の一般的なスパークリングワイン)

**スペイン**
- **カヴァ**(シャンパーニュ方式で造られたもの)
- **エスプモーソ**(上記以外の一般的なスパークリングワイン)

Vin Naturel

# ビオワイン

農薬などを使わず自然環境を重視したビオワイン。
自然志向の今、注目度を上げているワインのひとつだ。

ビオワイン＝ 化学肥料や除草剤を使わない
有機製法でブドウを育てた
自然派ワイン（ヴァン・ナチュール）

日本ではビオワインについて明確な定義はない！

## ビオワインのブドウの栽培方法

### ビオロジック農法

**いわゆる有機農法のこと**

化学肥料などの農薬を使用せず、動物の糞などを有機肥料として使う無農薬農法。一部許可されている農薬もある。

### ビオディナミ農法

**天体の動きを加味した農法**

ビオロジック農法をベースに、星や月の動きなど天体の動きを取り入れた農法。プレパラシオンという自然由来の調合剤を使用する。

## ビオワイン≠オーガニックワイン

### 有機ワインやオーガニックワインと名のるには明確な規定があるが、ビオワインにはない

オーガニックワインとはオーガニック農業で育てられたブドウで造られたワインのことで、遺伝子操作や化学肥料、農薬、除草剤を使わずに造られるのが特徴。ヨーロッパやアメリカ、日本など世界各国にさまざまな認証団体が存在し、国が定めた基準を満たして認証を受けないと「オーガニックワイン」と名乗ることはできない。一方、ビオワインには明確な定義がないため、ビオロジック農法やビオディナミ農法で造ったワインを広い範囲で指す。確実にビオワインを飲みたいなら認証マークがついているものを選ぼう。

**EUでの定義**

EUではビオワインもオーガニックワインとして定義される。無農薬、無化学肥料、無除草剤を最低三年間続けることが認証の基準だが、病気対策のボルドー液、硫黄の使用は認められている。酸化防止のための亜硝酸を使わないことが多いが規定が設けられているわけではない。

## ビオワインにまつわるQ＆A

**Q 独特な香りがある？**

**A 最近はしないものもある**

酵母や硫化水素、微生物の影響を受けて発生する、個性的で複雑な香りがある。最近は技術が進歩し、臭いの少ないものも。

**Q 頭が痛くならないって本当？**

**A 飲み過ぎはNG**

頭痛になると言われる亜硝酸が入っていないものもある。ただし、アルコールによる頭痛もあるのでほどよく飲もう。

Pourriture noble

# 極甘口の貴腐ワイン

貴腐菌がついた糖度が高いブドウを使うことで、
凝縮感のある甘味と独特の香りを持つワインが生まれる。

**果皮に貴腐菌が付着したもの**

貴腐菌は、ブドウの果皮を溶かして表面に穴を開けて果実内の水分を蒸発させる働きがある。水分が減って糖の濃度が著しく増すことで、貴腐ワイン特有の濃厚な甘さが生まれる。

**貴腐菌は灰色カビ病の原因ともなる危険な菌**
**特定の条件を満たしたときのみ貴腐ブドウとなる!**

**条件❶**

朝に霧が発生し温度と湿度が適切

**条件❷**

日中は乾燥し、ブドウの水分が蒸発

↓

**乾燥しすぎると腐敗が進まず、湿度が高すぎると**
**灰色カビ病に感染するため、生産はとても難しい。**

# 3大貴腐ワイン

## フランス

### ■ソーテルヌ

ソーテルヌには3階級の格付けがあり、最上位の特別1級は極甘口のシャトー・ディケムのみ。

## ドイツ

### ■トロッケンベーレンアウスレーゼ

ドイツワインの中で最高ランクの極甘口ワイン。モーゼル、ライン地方が有名で、生産数が少なく非常に高価。

## ハンガリー

### ■トカイ・アスー

世界で唯一貴腐ブドウ100％で造られる極甘口ワインがある。フルミントと呼ばれる品種を使用。

*Fortified wine*

# 酒精強化ワイン

発酵中、または発酵後にアルコールを加えて度数を高めたワイン。
フォーティファイドワインとも呼ぶ。

## スペイン

## シェリー（ピノ・デ・ヘレス）
Sherry

### ソレラシステムを用いて熟成させる 白ブドウのみを使用

樽を下から古い順番に積み重ね、下の樽からワインを抜き取って瓶詰し、抜き取った分はすぐ上の樽から順に補充していく方法。均質化したワインを造ることができる。複数の年代のワインをブレンドするため、ラベルにはブドウの収穫年は記載されない。

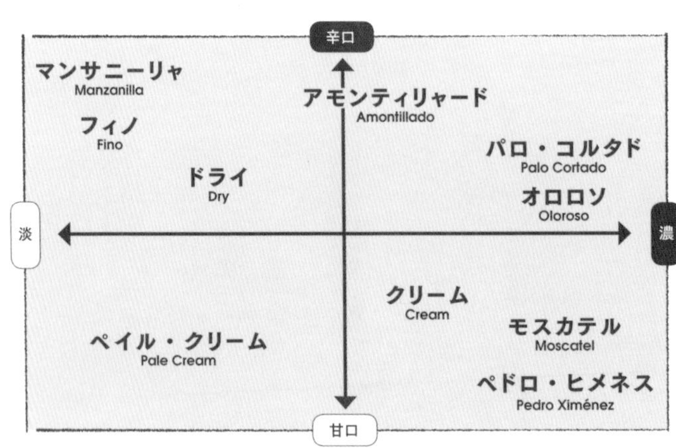

シェリーワインは甘口から辛口までさまざまな味わいがある。産地や熟成期間、加えるアルコールの度数、熟成方法によって個性が現れる。

ポルトガル

## ポート
Port

### 独特の甘みとコクが味わえて食前酒として好まれる

発酵途中の糖分が残るワインに、アルコール度77%のブランデーを加えることで発酵を止める。独特な香りと甘みが生まれる。樽熟成により豊かな香りが加わり、40年以上熟成されるワインも。

**甘さは5段階**
加えるアルコールの量で度数と甘さが決まる。度数と甘さの強いワインは長期保存ができる。

ポルトガル

## マデイラ
Madeira

### 発酵途中で蒸留酒を添加その後加熱処理してから熟成される

発酵途中に加える蒸留酒は、アルコール度数が96%のブランデーを使う。その後行う加熱処理には、太陽熱により自然加熱するカンテイロと人工的に加熱処理をするエストゥファの2種類がある。

**甘さは4段階**
加えるアルコールの量で甘さの段階が決まる。辛口のものは食前酒にも向いている。

### その他の酒精強化ワイン

このほかにフランス地方で造られるミュスカとグルナッシュどちらかを使うヴァンドゥナチュレルと、発酵前のブドウの果汁にブランデーを加えて熟成させるヴァンドリキュールという酒精強化ワインもある。

others

# その他のワイン

赤ワインや白ワインだけでなく、
オレンジや黄色などバラエティ豊かなワインもある。

## オレンジワイン

**➡ 赤ワインの製法で造られる白ワイン**

### 白ブドウの果皮や種子をまるごと醸して造られる

オレンジワインは、白ブドウを使って赤ワインの醸造方法で造られ、ブドウの果皮と種子を果汁と一緒に漬け込む。白ワインが漬け込まないのに対して、オレンジワインでは数週間漬け込む。そのため、色素が強く抽出されてオレンジの色合いのワインができあがる。タンニンを多く含むため、酸味は白ワインよりも穏やかで、舌ざわりのしっかりした味わいを楽しめる。

### オレンジワイン = ナチュラルワインではない！その歴史と発見の仕方

オレンジワインは最近できた製法ではなく、実はローマ時代から造られており、最古のワインのひとつであると言われている。タンニンを含むため亜硝酸などの添加物を抑えたワイン造りができることに注目したナチュラルワインの生産者によって、その名前が有名になった。

## 黄ワイン

### 白ブドウを完熟させてから収穫 木樽で長期熟成を行う

完熟したサヴァニャンというブドウ品種を使う。白ワインと同じ製造工程だが、オーク樽での熟成に特徴がある。補酒をせず６年以上の長期熟成を行うことでワインの表面に酵母の膜ができ、酸化が進み過ぎるのを防ぐ。

## グリーンワイン

### 熟す前の若い白ブドウを 使用するヴィーニョ・ヴェルデ

ポルトガルのミーニョ地方で生産され、若摘みした白ブドウを使って造られる。オーク樽による発酵や長期熟成を行わない。そのため、果実由来のフルーティーさが残ったすっきりとした辛口に仕上がる。アルコール度数は低め。

## こんなワインもある!

### 大麻由来の成分が 微量に含まれる 合法の「大麻ワイン」

大麻ワインとは、その名の通り大麻のエキスを抽出して造られる合法ワインのこと。日本ではあまり知られていないが、今世界で密かに注目を集めているワインのひとつ。アメリカのカリフォルニア州を中心に製造されている。

# ワインの熟成

熟成はワインの味を左右する重要な過程のひとつ。
熟成によってワインはどう変化していくのだろうか。

## 熟成とはゆるやかな酸化

### 赤ワインに含まれるタンニンの酸化が熟成にとっては重要

ワインや樽のタンニンが他の物質と結合して沈殿すると、清澄化が促進され、樽から出た香気成分がワインに移る。樽を通して少しずつワインが空気に触れ、穏やかな酸化が起こることにより、ワイン中の成分が安定化、風味が複雑になるなどの効果が現れる。

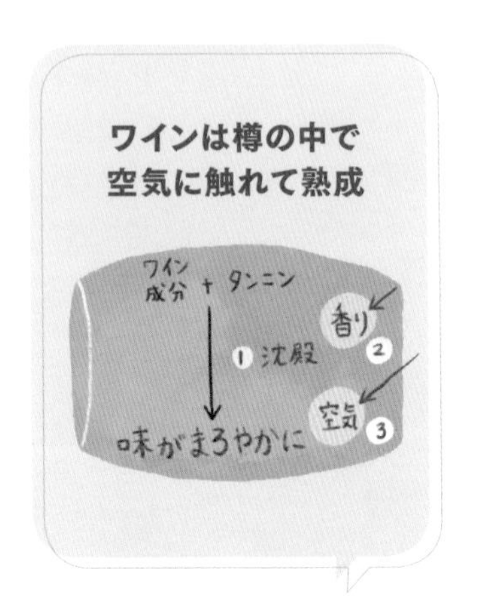


熟成と言えば
「赤」なのは
タンニンが
多いから

## 熟成による変化

### 1 外観

白 イエローから黄金色
赤 紫がかった赤
➡レンガ色

白ワインは熟成が進むほど色が濃くなり、黄色みが増して黄金色に近づく。赤ワインは熟成が進むほど色素量が減り色は淡くなる。オレンジ色を帯びてレンガ色に変化する。

### 2 香り

白 フルーツや植物
➡ドライフルーツなど複雑な香り
赤 フルーツや花、植物
➡腐葉土や皮革など

樽や瓶での熟成により香りに複雑さが増し新たな香りが生まれる。果実由来の香りがドライフルーツのような香りに変化することも。

### 3 味わい

白 フレッシュからマイルドに
赤 荒々しい渋味からまるい渋味に

白ワインは熟成によって酸味が穏やかになりマイルドな味わいになる。赤ワインは熟成によってタンニンに酸化が起こり、澱として沈殿する。それにより、渋味が穏やかになる。

## 熟成による飲み頃

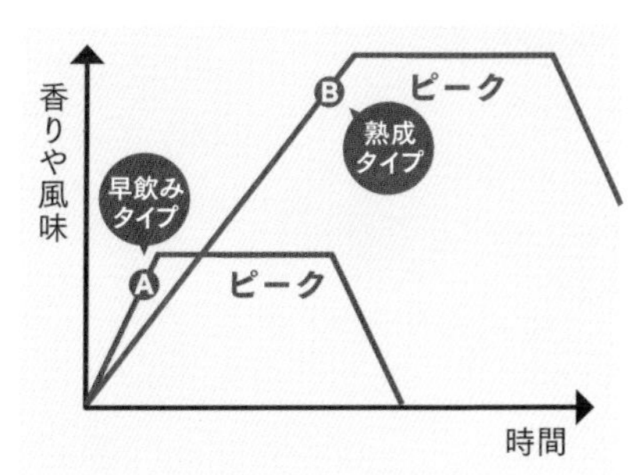


**早飲みタイプか熟成タイプかでワインの飲み頃は異なる**

熟成タイプのワインは、長期間保存して熟成させることで味や香りが引き立ち、また飲み頃の期間も長くなる。早飲みタイプのワインは、熟成に向いていないため、注意。

# ワインボトルの形

産地によってボトルにはさまざまな特色がある。
ボトルの形を理解することはそのワインを理解することにも繋がる。

### 1 ブルゴーニュ型

なで肩が特徴。保管の際に上下を互い違いに積みやすい。

### 2 ボルドー型

注いだときに澱（おり）が入らないようにいかり肩の形をしている。

### 3 ライン型 モーゼル型

ほとんど肩がなく細長い。ライン型は緑、モーゼル型は薄緑色のボトルが多い。

### 4 アルザス型

ライン、モーゼル型よりもさらに細身。背が高く濃い緑色をしている。

### 5 ボックスボイテル型

丸く、底が扁平な形のボトル。ワインを入れていた皮製の袋を模して作られたと言われる。

### 6 シャンパン型

ガス圧に耐えられるように厚手のガラスで造られる。ボトル下部が太くなっている。

# ワインボトルの大きさ

ワインボトルの一般的なサイズは750mlだが、実はそれ以外にも
さまざまなサイズのボトルが存在する。

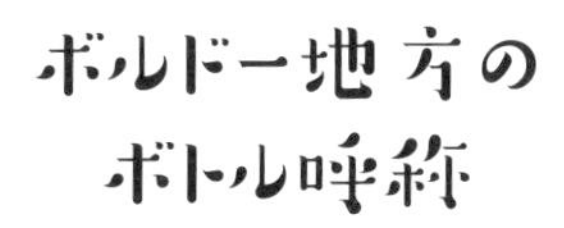

**ドゥミ**（375ml・1/2本）

**ブテイユ**（750ml・1本）

**マグナム**（1500ml・2本）

**ドゥブル・マグナム**（3000ml・4本）

**アンペリアル**（6000ml・8本）

フルボトルの容量は750mlだが、2本分、4本分、6本分、8本分とその種類は多岐にわたる。ほかにも、12本分、20本分なんてサイズも存在する。容量が大きいものはパーティなど、大人数が集まる場にぴったり。ボトルサイズの呼称は、ボルドー地方とシャンパーニュ地方で少し異なる。同じ呼び方の「ジェロボアム」も、ボルドーでは6本分を指すが、シャンパーニュだと4本分なので注意しよう。

**シャンパーニュのボトル呼称**

**カール**…188ml（1/4本）
**ドゥミ・ブテイユ**…375ml（1/2本）
**ブテイユ**…750ml（1本）
**ジェロボアム**…3000ml（4本）
**マチュザレム**…6000ml（8本）

# ワインの成分

ブドウの成分と言えばポリフェノールだが、ほかに何が含まれているかは
意外と知られていない。ブドウの成分はワインにどんな影響を与えるのだろうか。

## 酸味

リンゴ酸や酒石酸などの有機酸を多く含む。発酵中や熟成中にリンゴ酸は乳酸に変化する。

## 色素

ブドウの皮や種に含まれるアントシアニンやタンニンなどのポリフェノール類が色や渋味を与える。

## 渋味

ブドウに由来するポリフェノール類のタンニンがワインの渋味の元になる。

## 香り

果皮や果汁によるブドウ由来の香りや成分と、熟成中に生まれる香り成分がある

## その他

ほかにブドウ糖や果糖などの糖分が含まれる。発酵の際にアルコールに変化する。

## 9～16%を占めるエチルアルコール

2番目に多く含まれる成分。醸造の過程で、糖分が酵母に分解されて生成される。

## 70～90%を占める水分

最も多く含まれる成分。ブドウに含まれる水分のみを使ってワインは造られる。

# ワインと健康

ワインには健康効果があると言うが、実際はどうなのだろうか。
含まれる成分に注目しながらみていこう。

## フレンチパラドックスとは?

動物性脂肪を多く摂取しているのに、フランス人は動脈硬化の患者、死亡率が低い。これをフレンチパラドックスという。フランス人がよく飲むワインに含まれるポリフェノールが動脈硬化を防ぐ働きを持つことにより起こるとされる。

## 白より赤の方がポリフェノールが多い

赤ワイン
160～600mg／200ml

白ワイン
50～160mg／200ml

ロゼワイン
100mg／100ml

白ワインよりも赤ワインに多く含まれるのは、醸造過程に違いがある。白ワインが醸造過程で果肉のみ絞られるのに対して、赤ワインはポリフェノールを含んだ果皮や種子も一緒に絞るため、その分含有量も多くなる。

## レスベラトロールは長生きの秘薬? それとも健康効果はなし!?

レスベラトロールとはワインに含まれるポリフェノールの一種。長寿遺伝子を活性化して寿命を延ばす効果があると健康食品などに使われているが、今のところは詳しい効果については確認できていない。

# ワインの歴史

はるか昔から人間とともに歴史を作り続けてきたワイン。
ワインと人間がどう関わり続けてきたのかを知ろう。

紀元前8000年頃〜

## ワインの始まり

### メソポタミア文明の文学作品「ギルガメッシュ叙事詩」にワインが！

ワインの歴史の始まりは紀元前8000年頃と言われている。まだ石器が使われていた時代だが、この頃にはコーカサス山脈ではすでにワインが飲まれていたとされている。初めてワインが文献に登場したとされるのがメソポタミア文明の文学作品『ギルガメッシュ叙事詩』で、大洪水に備えた船の建造したときに、水夫にワインがふるまわれたと記されている。紀元前4000年にはエジプトにもワインが広まった。

紀元前600年頃〜

## ワインがヨーロッパへ

### ローマ人の手によりワイン作りがヨーロッパへ広まる

ヨーロッパでのワインの産地と言えばフランスだが、フランスにワインが広まるきっかけを作ったのはローマ帝国のジュリアス・シーザーだ。シーザーが行ったガリア征服はフランス各地にワイン造りを普及させることになった。さらにローマ帝国がフランスの外に勢力を広めていき、ヨーロッパ中にワイン造りが広まっていった。

西暦1000年頃～

## 宗教とワイン

### キリストの血として
### 神聖に扱われる

西暦1000年頃のヨーロッパでは、キリスト教が文化や芸術の中心となり人々の生活に強く根差していた。もちろんワインも例外ではなく、キリストの血として大変神聖で貴重なものと考えられるようになる。そうした背景があり、当時の教会や修道院はブドウ畑を開墾したり、ワインの醸造に力を入れ技術を高めていった。

西暦1600年～

## 世界のワインに

### 大航海時代を経て
### ワインが広まっていく

フランスを中心に栄えたヨーロッパのワイン造りは、大航海時代に入って世界中に広まることとなる。ワインの原料であるブドウが世界中で栽培され、土壌や気候が影響しやすく地域性の強いブドウによって、産地特有のさまざまな味ができていく。

### 日本には室町時代に渡来
### 明治からワイン造りスタート
### 1990年代以降本格化

日本には室町時代後半にスペインやポルトガルからワインが伝わったとされている。その存在を広めたのは宣教師フランシスコ・ザビエル。大名達にワインを献上して布教の許しを請おうとした。しかし当時日本では醸造するに至らず、ワイン造りがされるようになるのは鎖国を解き近代化が進んだ明治時代になってからだった。

覚えておきたい!

# ワイン用語集

**I.G.P.**
Indication Géographique Protégée(地理的表示保護ワイン)の略称で、フランスワインの格付けのひとつ。生産地域を表示できるテーブルワイン。

**アタック**
ワインを口に含んだとき、一番最初に感じる味の印象のこと。フレッシュさや果実味など、感覚的なもの。

**圧搾(あっさく)**
果汁を搾ること。現在は機械圧搾が主流となっているが、かつては人の足で踏み潰して行っていた。

**アペラシオン**
ワインの原産地を示す言葉。産地の区分はA.O.C.(原産地統制呼称)制度によって定められている。

**アペリティフ**
食前酒のこと。シェリーなどの酒精強化ワインやスパークリングワインが好まれる。

**アルコール発酵**
糖が、酵母の働きによってアルコールと二酸化炭素に変化すること。ブドウは糖を多く含むため、アルコール発酵がスムーズに起こる。

**ヴィンテージ**
ブドウの収穫年。収穫年が複数にまたがるときや、生産国の規定を満たさないときは記載しない。ヴィンテージの当たり年は生産国や地域によって異なるため、ヴィンテージチャートを参考にするとよい。

**A.O.C.**
Appellation d'Origine Contrôlée(原産地統制呼称ワイン)の略称。フランスのワイン法の格付けのひとつで、最高ランクのカテゴリー。

**A.O.P.**
Appellation d'Origine Protégée(原産地呼称保護ワイン)の略称。2009年にAOCに代わる最高級ワインのカテゴリーとして施行された。

**澱(おり)**
ワインの中に含まれる沈殿物。ポリフェノール類が酸化してできる沈殿物や、酒石酸がカリウムと結合することでできる結晶体の沈殿なども含む。飲み込んでも問題は無いが、ワインの味を損なうため取り除く場合が多い。

**還元**
酸化とは逆の反応で、化合物から酸素が奪われること、もしくは水素と結合すること。澱の還元作用によってワインを酸化から守ることができるが、腐った卵のような香りが出ることもある。

**貴腐ワイン**
成熟が進み、貴腐菌によって貴腐化したブドウから造られるワイン。ハチミツのような柔らかい甘さがみられる。

**キンメリジャン**
ミネラル豊富な土壌で、フランスのシャブリ特有の地質。下層には牡蠣の化石が含まれた土壌が見られる。

**グラン・クリュ**
「特級畑」を意味する。ブルゴーニュやシャンパーニュにおける優れた畑に与えられる最高級の格付け。

**クリマ**
ブルゴーニュ地方における、ブドウ畑の区画のこと。

**クレマン**
フランス・シャンパーニュ地方以外で、瓶内二次発酵を用いて造られたスパークリングワイン。複雑な味わいで、高級感のある仕上がりが特徴。

**クロ**
塀に囲まれたブドウ畑のこと。かつて塀に囲まれていて現在はないブドウ畑のことも、当時の名残で呼ぶことが多い。

**酵母**
自然界に広く存在する微生物。糖を分解し、アルコール発酵を促す作用がある。ブドウの場合は主に果皮表面などに生息している「野生酵母」と、目的によって選別、培養した「培養酵母」があり、最終的に数種類の酵母の活動によってアルコール発酵が行われる。

**コルク臭**
ワインにコルクの臭いが移り、不快な香りになること。

**砂質土壌**
砂を主体にした土壌で、白ブドウに向き、軽快なワインに仕上がるのが特徴。

**酸化**
化合物が酸素と結合したり水素を失ったりして、ほかの状態に変化すること。ワインの場合、ほどよく酸化すると味がまろやかになるが、過度の場合、風味が損なわれる恐れもある。

**サングリア**
ワインに果実などを漬け込んだ、代表的なフレーバーワイン。スペインの伝統的なワイン。

**シェリー**
スペイン南部で造られる酒精強化ワイン。アルコール度数が高く、食前酒としてよく飲まれる。発酵後のワインに酵母の膜ができることで酸化が遮断され、香ばしい独特の風味になる。

**シャトー**
「ワイナリー」という意味でフランス各地で使われていることが多い。もともとは「城」の意味だが、実際に城の様相を呈していないところもある。

**砂利土壌**
砂利を主体にした土壌。水はけがよく、砂利が日光を照り返すことでブドウが熟すのを早める。

**シャルマ方式**
スパークリングワインの製造方法のひとつ。スティルワインを密閉タンク内で二次発酵させる。ブドウの品種本来の香りを活かしたい時に用いられることが多い。

**熟成**
発酵を終えたワインがゆっくりと酸化すること。これにより、ワインがまろやかな風味に変化する。スクリューキャップの瓶は空気が遮断されるため、中のワインはコルクに比べ、ゆっくりと熟成する。

**酒精強化ワイン**
醸造過程でアルコール度数の高いワインや蒸留酒を加えて造るワイン。保存性が高いのが特徴。

**酒石酸**
ブドウ果汁に最も多く含まれる酸。他の植物にはほとんど見られない。

**蒸留酒**
蒸留することでアルコール度数を高められた酒類のこと。ワインは蒸留するとブランデーになる。

**除梗（じょこう）**
収穫したブドウの房から、硬い梗の部分を取り除く作業のこと。梗には渋味が多く含まれるため、あらかじめ取り除いて醸造することが多い。

**スキンコンタクト**
果汁と果皮を接触させること。果皮のもつ香気成分が果汁に触れることで、香りが豊かになる。アロマティックでフルーティーなワインを造ろうとする場合に多く用いられる方法。

**スティルワイン**
非発泡性のワイン。市場に出回るほとんどのワインがこのタイプであり、甘口から辛口までいろいろな種類がある。

**ストラクチャー**
ワイン全体の構成や骨格を意味するテイスティング用語。

**スパークリングワイン**
液中に炭酸ガスを含む発泡性のワイン。赤、白、ロゼなど、どの種類にもスパークリングワインはある。「シャンパン」はスパークリングワインの一種。

**清澄（せいちょう）**
熟成を終えたワインの不純物を沈め、ワインの透明度を高める工程。浮遊している不純物は、ゼラチンや卵白を加えることで沈殿させる。

**石灰質土壌**
石灰を多く含む土壌。シャルドネの栽培に適している。

**選果（せんか）**
熟してないものや原料として不適格なものを取り除き、状態の良い実だけ選り分けること。この工程に関しては、未だに人の目で見て選別する方法が主流となっている。

**ソムリエ**
レストランに在籍し、ワインの仕入れや管理、サービスまでを一貫して行う給仕人のこと。

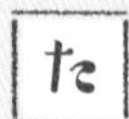

**タンニン**
ブドウの種子や果皮に含まれる渋味成分。味わいというより触覚として感じられる。タンニンの量をポリフェノール値で測ることも可能。

**直接圧搾法**
ロゼワインの製法のひとつで、圧搾した果汁のみを発酵させる。圧搾するとき果皮から果汁に色が移り、ロゼ色になる。

**ディジェスティフ**
食後酒のこと。ポートワインなどの甘い果実酒や、コニャックなどのブランデーが好まれる。

**テイスティング**
ワインを味見し、品質をチェックすること。チェック項目は主に「外観」「香り」「味わい」の3つで、それぞれに欠点がないか、またワイン本来の味わいかを確かめる。

**テイスティングシート**
テイスティングをする際、感じたことをメモしておくもの。自分なりのチェック項目を決めておくことで、常に同じポイントを見ることができる。

**デキャンタージュ**
澱（おり）を取り除いたり、若いワインを空気に触れさせたりするために、ボトルから別の容器に移し替えること。

**デザートワイン**
甘口ワインの総称で、食後やデザートといっしょに飲まれることが多い。アルコール度数が高い。

**デブルバージュ**
白ワインの製造工程のひとつ。収穫された白ブドウは選果され、破砕、除梗、圧搾を経てデブルバージュが行われる。この工程を挟むことによって、不純物を沈殿させることができる。高級ワインなどを造るテクニックのひとつ。

**テロワール**
ブドウを取り巻くすべての自然環境のこと。

**ドメーヌ**
主にブルゴーニュ地方における生産者の名称。ブドウ栽培からワイン造りまで一貫して自社で行う。

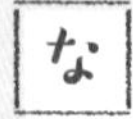

**乳酸**
本来ブドウには含まれていない有機酸だが、発酵によりリンゴ酸が分解されるとできる。酒石酸と同様に、穏やかで柔らかく感じる酸。

**ヌーヴォー**
「新しい」という意味のフランス語。ボジョレー地方で造られるボージョレ・ヌーヴォーが有名。フランスでは毎年 11月の第 3 木曜日が新酒の解禁日と定められている。

**ネゴシアン**
卸売業者。ブドウ農家やワイナリーからブドウやワインを買い上げ、醸造、熟成を行う酒商のことをいう。

**粘土質土壌**
粘土を主体にした土壌。保水力があり、主にメルローとの相性がよい。

**破砕（はさい）**
収穫したブドウの果皮に軽く傷をつけて、果汁が流れ出やすくすること。

**バトナージュ**
熟成中に沈んだ澱や酵母を棒でかき混ぜる作業のこと。

**ビオディナミ農法**
ビオロジック農法を基本に、天体の動きや月の満ち欠けまでも取り入れた独特な栽培方法。

**ビオロジック農法**
いわゆる有機農法。除草剤や農薬などの化学物質を一切使わない栽培方法。

**ビオワイン**
ビオロジック農法やビオディナミ農法によって栽培されたブドウで造ったワインのこと。

**ピジャージュ**
ワインの醸造工程中の作業のひとつ。櫂で液面をつつき、浮いている皮などをゆっくりと沈め、抽出を促進させる働きがある。

**フィロキセラ**
ブドウの害虫。土の中からブドウの根を攻撃し、枯らしてしまう。耐性のある木に接木することで対策する。

**フルボディ**
最も力強く複雑なワイン。色が濃く、渋味が強い印象。ワインのボディはアルコール度数や果実味の豊かさ、熟成感などにも左右される。

**プルミエ・クリュ**
「一級」の意味で、ブルゴーニュやシャンパーニュのブドウ畑において、特級の次に優れた畑をいう。

**ボディ**
ワインの重さや複雑さをあらわす表現。ライト、ミディアム、フルボディの順に風味が強くなり、複雑な味わいになる。

**ポートワイン**
酒精強化ワインの一種。ブドウを圧搾し、発酵途中の段階でブランデーを加えて発酵を止める。アルコール度数が高いため劣化しにくい。

**ポリフェノール類**
ワインの色や渋味の元になる成分で、ブドウのあらゆる部位に含まれている。抗酸化作用があり、ワインを酸化から守る働きがある。

**マセラシオン**
ブドウの果皮や種子から成分を抽出する作業のこと。香気成分や渋味などが果汁に溶け出すため、ワインの味わいが複雑になる。

**マロラクティック発酵**
アルコール発酵が終わったあとに起こる二次発酵。これにより刺激の強いリンゴ酸が乳酸に変化し、酸味が柔らかくなる。

**ミレジム**
フランス語でヴィンテージのこと。

**モノポール**
主にブルゴーニュ地方のブドウ畑において、特定の生産者がその区域の畑を独占して所有していること。

**有機酸**
ブドウとワインに含まれる酸。リンゴ酸や乳酸、クエン酸などが含まれる。

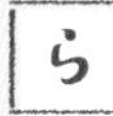

**ルモンタージュ**
ブドウの果皮や種子から成分を抽出するために、タンクの底から引き抜いたワインを液面に浮く果皮や種子の上からかける作業のこと。ピジャージュが人の手で行われるのに対し、ルモンタージュは機械で行われる。

**濾過**
ワインをフィルターに通し、不純物を取り除く作業。味わいや香りまで取り除かれてしまうことがあるため、注意が必要。

・参考文献
「ワインの教科書」(新星出版社)「ワインの基礎知識」(新星出版社)
「基礎から学ぶ田辺由美のワインブック2010」(飛鳥出版)「ワインブドウ品種基本ブック」(美術出版社)

*Supervisor*

**森　覚**（もり　さとる）
**コンラッド東京　エグゼクティヴ・ソムリエ**

1977年群馬県生まれ。日本ソムリエ協会常任理事・技術研究部部長。2008年の全日本最優秀ソムリエコンクールや2009年のアジア・オセアニア最優秀ソムリエコンクールなど数々の権威あるソムリエのコンクールで優勝した経歴を持つ。日本のワイン界を常にリードし、進化し続けるソムリエとして、様々な分野で活躍している。



見て覚える　ワインの絵事典

2020年３月15日　初版発行

監修者　森　覚
発行者　富永靖弘
印刷所　公和印刷株式会社

発行所　東京都台東区 台東２丁目24　株式会社　新星出版社
〒110-0016 ☎03(3831)0743



ISBN978-4-405-09381-2